排出量取引とカーボンクレジットの

ALL ABOUT EMISSIONS TRADING
AND CARBON CREDITS

すべて

野村総合研究所

佐藤仁人／田島和輝／沼田悠佑／小林朋樹／宮崎優也

エネルギーフォーラム

はじめに

脱炭素・GXの流れとカーボンプライシング

　気候変動問題に対応し、脱炭素社会を実現することは、世界共通の重要課題であり、脱炭素への対応は、近年、事業を営むすべての企業・団体などにとっての重要な経営課題となってきている。特に、国内においては、2020年10月の菅義偉首相（当時）による「2050年カーボンニュートラル宣言」以来、脱炭素に向けた流れが急激に加速した。近年、政策制度面において大きな動きが相次ぎ、企業による取り組みも顕著に活性化してきた。さらには、2022年2月のロシアによるウクライナ侵攻などをきっかけに、エネルギー安全保障上の問題が改めて認識されたことも受け、「産業革命以来の化石エネルギー中心の産業・社会構造をクリーンエネルギー中心へ転換させ、経済社会システム全体を変革させること」、すなわち「GX（グリーン・トランスフォーメーション）を実現すること」が強く求められるようになっている。

　こうしたなか、脱炭素とGXを実現するための仕組みのひとつである「カーボンプライシング」についても、近年、大きな進展がみられる。カーボンプライシングとは、企業などが排出する炭素（カーボン）に価格を付け、排出量に応じた金銭的な負担を求めることで、企業などに排出削減の経済的なインセンティブを与える仕組みである。企業などにとっては、炭素排出が直接的なコスト負担などにつながるため、排出削減に取り組む強いインセンティブを与えることができる仕組みであるが、一方で、金銭的な負担により企業などの経済活動に与える影響も大きい。そのため、日本国内においては、2000年代からさまざまな制度議論や試行が行われてきたものの、近年まで、その本格的な導入は不十分と言わざるを得ない状況であった。

　しかし、2050年カーボンニュートラル宣言後に、カーボンプライシン

グの導入・促進に関する議論が再び盛んになり、2023年には、カーボンプライシングの主要施策である「排出量取引」と「炭素に対する賦課金」の導入がGX推進法（脱炭素成長型経済構造への円滑な移行の推進に関する法律）で定められるにまで至った。これらのうち、「排出量取引」については、既に2023年度から試行的運用がスタートし、今後段階的に発展をしていくことが決められており、企業などの脱炭素、GXを推進していくうえで、重要な仕組みとなるといえる。

　さらに、カーボンプライシングの一種である「カーボンクレジット」については、近年、グローバルに急速な拡大を続けてきており、日本企業を含む多くの企業などが、その創出や利用、取引などに取り組み始めている。日本国内においては、国が認証するカーボンクレジットであるJ-クレジットの供給拡大に向けた取り組みや、東京証券取引所をはじめとする複数の事業者による取引市場の設立などの動きが相次いで進められている。また、カーボンクレジットにより排出量をオフセットした製品・サービスの提供も、多くの事業者によって行われるようになってきている。

　以上のように、脱炭素・GXを進めるうえでの重要施策であるカーボンプライシングに関して、近年、大きな進展がみられ、多くの企業などの経営に大きな影響を及ぼしつつある。このような状況を踏まえて、本書では、カーボンプライシングの中でも、特に、近年大きな動きがあり、世間の着目を集めている「排出量取引」と「カーボンクレジット」にフォーカスを当てて、その潮流と今後の見通しについて述べる。

本書の概要・狙い

　本書は、野村総合研究所が官民のコンサルティング業務を通じて得た知見などを基に、排出量取引・カーボンクレジットに関する概況を整理したものであり、これを通じて読者の方々が当該領域に関する概況をつかみ、脱炭素・GXにかかわる取り組みを加速・推進していくための一助となることを目指すものである。

　野村総合研究所は、官民のクライアントに対するコンサルティング業務を通じて、当該テーマにかかわる多くの案件に携わってきた。特に、経済産業省委託事業では、「GXリーグ」という取り組みにおける事務局業務を、その設立より担ってきている。GXリーグは、脱炭素に先進的に取り組む企業の集まりである。2022年2月に経済産業省よりGXリーグ基本構想が示されて以来、基本構想に賛同をする企業と共に、GXリーグ自体のあり方の検討、排出量取引に係るルール設計、脱炭素に向けた新たな市場創造のためのルール形成、企業間の対話・交流を促す活動などを行ってきた。

　これらの活動を通じて野村総合研究所は、日本国内の排出量取引の制度、実務・運用の設計を最前線で支援してきたとともに、カーボンクレジットに関しても、その活用促進を目指すワーキンググループの活動支援や、企業間での情報交換会の運営などを行ってきた。これらの経験を活かし、本書では、排出量取引・カーボンクレジットに関する基本的な動向の整理から、その発展に向けた取り組みなどについて述べる。

　まず、1章では、排出量取引・カーボンクレジットに関する政策制度における主な動きと、カーボンプライシング、排出量取引・カーボンクレジットの概要について述べる。次いで、2章では、排出量取引を取り上げ、グローバルでの排出量取引導入国の状況、国内における排出量取引導入に関する経緯と、その制度の詳細・特徴について紹介をする。3章では、カーボンクレジットに関して、その概要・分類を述べたうえで、海外と国内の動向を現状の市場環境や発展に向けた取り組みなどの視点から解説する。さらに、4章では、排出量取引・カーボンクレジット双方の流通にかかわる取引市場に着目し、取引市場の類型に関する整理とグローバル・国内の事例を紹介したうえで、今後の取引市場に関する見通しを述べる。最後に、5章では、排出量取引・カーボンクレジット市場の進展によって今後生じ得る事業機会に関する仮説を、具体的な事例を交えて紹介する。

　排出量取引・カーボンクレジットは、脱炭素・GXを推進するうえで、非常に重要な制度・施策であり、多くの企業などの経営に大きな影響を与

え得るものである。そのため、各企業などにおいてサステナビリティ（持続可能性）、ESG（環境・社会・ガバナンス）、環境領域にかかわる担当者はもちろんのこと、各企業の各事業において脱炭素・GXに関する取り組みを担うすべてのビジネスパーソンの方々が、その概要・潮流などについて基本的な理解をすることが望ましいと考える。そこで、本書が、このような脱炭素・GXに関する業務に携わる方々が排出量取引・カーボンクレジットに関する概況をつかむことに対して、少しでも貢献することができれば幸いである。

2023年9月

野村総合研究所　佐藤仁人

筆者一同

排出量取引とカーボンクレジットのすべて

［目次］

5 排出量取引・カーボンクレジットに かかわる事業機会

1

排出量取引・カーボンクレジットの概要

1.1 排出量取引・カーボンクレジットに かかわる政策制度の動向

　気候変動対策として脱炭素を実現することは、世界的な課題であり、社会の脱炭素に向けてさまざまな政策制度が導入されている。脱炭素に向けた政策制度は古くから存在するが、日本においては特に、2020年10月の菅首相（当時）による「2050年カーボンニュートラル宣言」以来、その動きが活性化してきている。近年だけでもさまざまな政策制度が導入され、それを受けた多くの事業が実施されてきている。このように多岐にわたる脱炭素関連政策制度に関して、その全体像についての記述は他書にお任せするとして、本書では、「排出量取引・カーボンクレジット」にかかわる事項を中心として、国内におけるこれまでの主な制度政策や議論を取り上げ、それらの概要を述べる。

　なお、排出量取引、カーボンクレジット、これらの取引市場に関する詳細は、2章以降で述べるため、ここでは、これらの前提となるような主要な動向や、各政策制度の概要について述べる。

1.1.1 2050年カーボンニュートラル宣言前の動向

　国内における排出量取引・カーボンクレジットの政策制度に関する議論と試行的な取り組みは、2000年代から行われてきた。

排出量取引に関する動向

　排出量取引に関して、2000年には、既に環境省による「排出量取引に係る制度設計検討会」において議論が行われた。そして、2002年には、環境省による「排出量取引・京都メカニズムに係る国内制度検討会」が開催され、これらの検討を受けて2003年には、「温室効果ガス排出量取引試行事業」が開始され、翌年にかけて仮想的な取引が行われた。さらに、2005

年には、「自主参加型国内排出量取引制度 (JVETS)」という企業の自主的な参加に基づく排出量取引制度の運用が開始された (2013年に終了)。

その後、2008年には、環境省により「国内排出量取引制度検討会」が開催され、「国内排出量取引制度の法的課題に関する検討会」における複数年度にまたぐ議論も開始された。また、同年に、環境省、経済産業省による「排出量取引の国内統合市場の試行的実施」が開始された。そして、2010年には「国内排出量取引制度小委員会」、2011年には「国内排出量取引制度の課題整理に関する検討会」(いずれも環境省主催) において排出量取引関する議論がなされた。

このように、2000年代から2010年代初めにかけて、排出量取引に関する議論・試行事業が進められてきたが、このタイミングでは、産業界からの強い反対などもあり、試行に続く本格的な制度の導入には至らなかった。産業界としては、厳しいカーボンプライシングの導入により国内企業の負担が増えることで、製造業などの国際競争力の低下や工場などの国外移転が起き、産業の空洞化が進むという懸念があった。また、とりわけ排出量取引については、価格の乱高下の恐れや政府による製造業の生産量コントロールにつながる恐れなどが懸念された。なお、この時期にカーボンプライシングの一種である炭素税 (地球温暖化対策税) は導入が決められ、2012年度より現在までその運用がなされている。

その後、当面、排出量取引を含むカーボンプライシングの議論は下火となっていたが、2015年12月にCOP21 (Conference of the Parties 21：国連気候変動枠組条約第21回締約国会議) においてパリ協定が採択され、カーボンニュートラルが世界的長期目標となったことなどを受けて、2016年度には、環境省による「長期低炭素ビジョン小委員会」が開催され、その中で、カーボンプライシングの具体的検討が必要であることが示された。そして、これを受けて、2017年には、環境省による「カーボンプライシングのあり方に関する検討会」が開催され、2018年には、「カーボンプライシングの活用に関する小委員会」に場所を移し、再度、カーボンプライシン

グに関する議論が開始された。

　しかし、経済産業省側では、この時点において、新たにカーボンプライシングを導入することについては否定的な立場をとっていた。2016年7月に開始した「長期地球温暖化対策プラットフォーム」における最終報告書（2017年4月）では、「現時点で、排出量取引や炭素税といったカーボンプライシング施策を追加的に行うことが必要な状況にはない。なお、排出量取引については、安定的な市場取引を実現するには困難が伴い、予見可能性を失わせることは、むしろ、長期的な地球温暖化対策やイノベーション（技術革新）に向けた投資を阻害する可能性がある[1]」と記された。このため、2010年代後半においても、排出量取引については、環境省における議論が再開されたものの、具体的な政策制度の策定にまでは至らなかった。

カーボンクレジットに関する動向

　一方、カーボンクレジットに関しては、2000年代後半から2010年代前半にかけて制度的な進展があり、今日まで続く仕組みが導入された。2008年10月には、経済産業省、環境省、農林水産省による「国内クレジット制度」が導入された。これは、「大企業等による資金等の提供を通じて、中小企業等が行った温室効果ガス排出削減量を認証し、大企業の自主行動計画の目標達成等のために活用できる制度[2]」であるとされていた。また、同年11月には、環境省による「オフセット・クレジット制度（J-VER）」が開始された。これは、「カーボン・オフセット（自らの排出量を他の場所の削減量〈クレジットなど〉で埋め合わせて相殺すること）の仕組みを活用して、国内における排出削減・吸収を一層促進するため、国内で実施されるプロジェクトによる削減・吸収量を、オフセット用クレジット（J-VER）として認証する制度[3]」であるとされていた。

　そして、2013年には、「国内クレジット制度、J-VER制度が併存しているわかりにくい状況を解消し、制度のさらなる活性化を図ることで、国内における排出削減対策、吸収源対策を引き続き積極的に推進する[4]」ことを

目的として、両制度を発展的に統合した「J-クレジット制度」の運用が開始された。なお、このJ-クレジット制度は、今日まで運用が継続されており、現在もそのさらなる発展に向けた検討・取り組みがなされている。

1.1.2 2050年カーボンニュートラル宣言後の動向

カーボンニュートラル宣言とそれを受けた動向

　これまで述べたとおり、カーボンプライシング、なかでも排出量取引に関する議論は、2000年代から幾度となく行われてきたが、本格的な制度導入には至らなかった。しかし、2020年10月の菅首相（当時）による「2050年カーボンニュートラル宣言」を契機に、排出量取引を含むカーボンプライシングの導入・促進に関する議論は再び動き出した。

　前述のとおり、2015年12月のパリ協定採択後に、カーボンニュートラルが世界的長期目標となった。その後、Intergovernmental Panel on Climate Change（気候変動に関する政府間パネル。以下、「IPCC」）による1.5℃特別報告書やCOP・国連気候行動サミットでの議論などを経て、2019年12月のCOP25において気候野心同盟が発足、120カ国と欧州連合（EU）、そのほか多くの地域・都市・企業・団体・投資家が参画し、2050年までにカーボンニュートラルを達成することが表明された。[5]このような国際的なカーボンニュートラルに向けた動きを受けて、2020年10月26日、第203回臨時国会において、菅首相（当時）より「2050年カーボンニュートラル、脱炭素社会の実現を目指す」ことが宣言された（その後、2020年12月には、日本も気候野心同盟に参画した）。そして、その後、2020年12月21日には、菅首相（当時）は、梶山弘志経済産業大臣（当時）と小泉進次郎環境大臣（当時）に対して、炭素税や排出量取引を含むカーボンプライシングの導入に向けて議論を進めるように指示を行った。[6][7]

　これを受けて、環境省では、2021年2月1日に、前述の「カーボンプライシングの活用に関する小委員会」を2019年7月25日以来初めて開催し、

カーボンプライシングに関する議論を再開した。一方、経済産業省では、関係省庁と連携して取りまとめた「2050年カーボンニュートラルに伴うグリーン成長戦略」を2020年12月25日に公表し、その中で、経済的手法（カーボンプライシングなど）に「躊躇なく取り組む」ことを示した[8]。そして、これを受けて、2021年2月17日には、「世界全体でのカーボンニュートラル実現のための経済的手法等のあり方に関する研究会」が立ち上げられた。この検討会では、日本にとって「成長に資するカーボンプライシング」とはいかなる制度設計が考えられるか、炭素税や排出量取引制度のみならず、国境調整措置やクレジット取引などといった選択肢も含めて、幅広く議論が行われた。そして、その成果が同年8月25日に中間整理という形で発表され、具体的な取り組みの方向性として、(1) 既存の国内クレジット取引市場の活性化、(2) 中長期にわたり行動変容をもたらすための枠組みの検討、(3) 成長に資するカーボンプライシングが機能するための基盤の整備が掲げられた。このうち、(2)に関する具体的な取り組みとして、企業が国内外の質の高いクレジットを取引する「カーボン・クレジット市場（仮称）」と、企業が排出削減目標を設定し、国が実績を確認する「カーボンニュートラル・トップリーグ（仮称）」の創設に向けた議論を進め、2022年度から実証開始を目指すことが示された[9]。

　なお、環境省・経済産業省で前述のような検討が行われているなか、2050年カーボンニュートラルに加えて、2030年度の削減目標が政府により示された。2021年4月22〜23日に執り行われた米国主催による気候サミットにおいて、菅首相（当時）は、2050年カーボンニュートラルとともに、2030年度に温室効果ガス46％削減（2013年比）を目指すことを宣言し、さらに50％の高みに向けて挑戦を続けていく決意を表明した。これにより、2050年という長期の目標に加えて、2030年度という10年未満のスパンにおける削減目標が明確に示され、具体的な脱炭素に向けた取り組みがより強く求められることとなった。

排出量取引関連の動向：〜GXリーグ

　2021年8月に「世界全体でのカーボンニュートラル実現のための経済的手法等のあり方に関する研究会」の中間整理で示された「カーボンニュートラル・トップリーグ（仮称）」は、その後、同研究会での議論を経て、「GXリーグ」に名称が変更された。そして、2022年2月1日には、経済産業省によりGXリーグに関する基本構想が示された。これによるとGXリーグとは、「GXに積極的に取り組む『企業群』が、官・学・金でGXに向けた挑戦を行うプレーヤーと共に、一体として経済社会システム全体の変革のための議論と新たな市場の創造のための実践を行う場」であるとされている。そして、GXリーグにおいて実施される取り組みとして、「2050CN（カーボンニュートラル）のサステイナブルな未来像を議論・創造する場」、「CN時代の市場創造やルールメイキングを議論する場」、「自ら掲げた目標に向けて自主的な排出量取引を行う場」が示された。[10] これらの詳細は、後述（2章コラムを参照）するが、GXリーグは平たく言うと、「GXに先駆的に取り組む企業の集まりであり、自主的な排出量取引と、それ以外のGX関連の市場創造などの取り組みを行う場」であるといえる。

　経済産業省は、GXリーグ基本構想の公開と同時に、GXリーグの詳細設計と実証を共に進める企業として、「GXリーグ基本構想賛同企業」の募集を開始した。これに対して、初期募集（2022年2月1日〜3月31日）で440社が賛同し、その後の追加募集（2023年1月31日まで）を経て最終的に679社が賛同をした。[11] そして、GXリーグでは、これらの賛同企業や学識有識者の意見を仰ぎながら、2022年度を通じて「自主的な排出量取引」の詳細の議論・ルール設計が進められた（具体的には、複数回の学識有識者会議やGXリーグ賛同企業への意見募集などのコミュニケーションを通じた設計が行われた）。このように、自主的な排出量取引の具体的なルール設計は、GXリーグ内の活動として行われてきたが、これと並行して「GX実行会議」が開催され、その中で排出量取引を含むカーボンプライシングのあり方についての議論が行われた。

排出量取引関連の動向：GX実行会議～ GX基本方針

　GX実行会議は、内閣総理大臣を議長、GX実行推進担当大臣、内閣官房長官を副議長、外務大臣、財務大臣、環境大臣、各界の有識者を構成員とする会議体であり、2022年7月27日に初回会議が開催された。そして、計5回の会議開催を経て、2022年12月22日に「GX実現に向けた基本方針」の案が策定された。その後、本方針は、パブリックコメントなどを経て、2023年2月10日に閣議決定された。

　GX実現に向けた基本方針は、「気候変動問題への対応に加え、ロシア連邦によるウクライナ侵略を受け、国民生活及び経済活動の基盤となるエネルギー安定供給を確保するとともに、経済成長を同時に実現する」ことを目的としたもので、主に次の2点に取り組むことを掲げたものである。[12]

- エネルギー安定供給の確保に向け、徹底した省エネルギーに加え、再生可能エネルギーや原子力などのエネルギー自給率の向上に資する脱炭素電源への転換など、GXに向けた脱炭素の取り組みを進めること。
- GXの実現に向け、「GX経済移行債」などを活用した大胆な先行投資支援、カーボンプライシングによるGX投資先行インセンティブ、新たな金融手法の活用などを含む「成長志向型カーボンプライシング構想」の実現・実行を行うこと。

　図1-1に、GX実現に向けた基本方針において参考資料として示された「今後10年を見据えたロードマップの全体像」[13]を抜粋・整理したものを示す。

　図1-1に示されているとおり、カーボンプライシングについては、主に「炭素に対する賦課金」と「GX-ETS（排出量取引）」の導入が示された。「炭素に対する賦課金」については、2028年度より化石燃料輸入事業者などに炭素に対する賦課金制度を導入する計画が示された。また、GX-ETSについては、2023年度から2025年度にかけて、GX-ETSの試行的な実施を行

図1-1 GX実現に向けた基本方針・今後10年を見据えたロードマップの全体像

		2023	2024	2025	2026	2027	2028	2029	2030	2030年代
規制・支援一体型投資促進策	支援	官民投資の呼び水となる政府による規制・支援一体型投資促進策								
	規制・制度	規制の強化、諸制度の整備などによる脱炭素化・新産業の需要創出								
カーボンプライシングによるGX投資先行インセンティブ	GX経済移行債	「GX経済移行債（仮称）」の発行								
	GX-ETS	試行（2023年度～）				排出量取引市場の本格稼働（2026年度～）				さらなる発展
	炭素に対する賦課金							炭素に対する賦課金（2028年度～）		
新たな金融手法の活用	国内	ブレンデッド・ファイナンスの手法開発・確立 グリーン・トランジション・ファイナンスなど				ブレンデッド・ファイナンスの確立・実施				
	国外	サステナブルファイナンスの市場環境整備など の環境整備・国際発信				産業のトランジションやイノベーションに対する公的資金と民間金融の組み合わせによる、リスクマネーの供給強化				
国際展開戦略	アジア	AZEC構想の実現による、現実的なエネルギー・トランジションの後押し								
	グローバル	クリーン市場の形成、イノベーション協力の主導								

注）一部の要素・記載を省
出所）経済産業省「GX実現に向けた基本方針 参考資料」（2023年2月10日）を基に野村総合研究所作成　略

い、2026年度から排出量取引市場を本格稼働させ、2033年度から発電事業者に対して有償オークション（二酸化炭素〈以下、「CO_2」〉排出に応じて一定の負担金を支払うもの）を段階的に導入していくことが示された。ここで、前述のGXリーグを通じてルール設計された「自主的な排出量取引」は、本方針における「2023年度から2025年度おけるGX-ETSの試行的な実施」に位置づく。この試行段階で、排出量取引を実際に運用することを通じて、2026年度以降の本格的稼働時のルール形成・運用改善などに向けて必要なデータ収集や知見・ノウハウ蓄積、政府指針の検討などを行っていくことになっている。なお、GXリーグにおける自主的な排出量取引（GX-ETS）は、2023年4月より既に運用が開始されている。多様な業界から600社弱の企業がGXリーグに参画しており、試行的な段階とはいえ、既に日本の総排出量の約4割を占める企業による排出量取引制度の運用が開始されている。

排出量取引関連の動向：GX推進法～ GX推進戦略

「GX実現に向けた基本方針」の閣議決定がなされた2023年2月10日には、同方針を実現していくうえで必要となる関連法案をまとめた「脱炭素成長型経済構造への円滑な移行の推進に関する法律案（以下、「GX推進法案」）」があわせて閣議決定された。そして、その後、国会審議を経て、2023年5月12日にGX推進法が衆議院本会議で賛成多数で可決され、成立をした。その概要を表1-1に示す。

GX推進法には、(1) GX推進戦略の策定・実行、(2) GX経済移行債の発行、(3) 成長志向型カーボンプライシングの導入、(4) GX推進機構の設立、(5) 進捗評価と必要な見直しの5つが定められている。これらにより、カーボンプライシングについては、炭素に対する賦課金（化石燃料賦課金）と排出量取引制度を導入すること、その業務を担うGX推進機構（脱炭素成長型経済構造移行推進機構）を設立すること、これらの進捗評価と必要に応じた見直しを行っていくことが定められた。

表1-1　脱炭素成長型経済構造への円滑な移行の推進に関する法律（GX推進法）の概要

（1）GX推進戦略の策定・実行	・政府は、GXを総合的かつ計画的に推進するための戦略（脱炭素成長型経済構造移行推進戦略）を策定。戦略はGX経済への移行状況を検討し、適切に見直し
（2）GX経済移行債の発行	・政府は、GX推進戦略の実現に向けた先行投資を支援するため、2023年度（令和5年度）から10年間で、GX経済移行債（脱炭素成長型経済構造移行債）を発行 ・GX経済移行債は、化石燃料賦課金・特定事業者負担金により償還（2050年度＜令和32年度＞までに償還）
（3）成長志向型カーボンプライシングの導入	・①炭素に対する賦課金（化石燃料賦課金）の導入・2028年度（令和10年度）から、経済産業大臣は、化石燃料の輸入などを行う者に対して、化石燃料賦課金を徴収　②排出量取引制度・2033年度（令和15年度）から、経済産業大臣は、発電事業者は、一部有償でCO_2の排出枠（量）を割り当て、その量に応じた特定事業者負担金を徴収　具体的な有償の排出枠の割当てや単価は、入札方式（有償オークション）により決定
（4）GX推進機構の設立	・経済産業大臣の認可により、GX推進機構（脱炭素成長型経済構造移行推進機構）を設立 ・GX推進機構の業務：①民間企業のGX投資の支援（金融支援・債務保証など）②化石燃料賦課金・特定事業者負担金の徴収 ③排出量取引制度の運営（特定事業者排出枠の割当て・入札など）
（5）進捗評価と必要な見直し	・GX投資などの実施状況・CO_2の排出に係る国内外の経済動向などを踏まえ、施策のあり方について検討を加え、その結果に基づいて必要な見直しを行う ・化石燃料賦課金や排出量取引に関する詳細な制度設計について、排出枠取引制度の本格的な稼働のための具体的な方策を含めて検討し、この法律の施行のち2年以内に、必要な法制上の措置を行う

出所）経済産業省「脱炭素成長型経済構造への円滑な移行の推進に関する法律案［GX推進法］の概要」（2023年2月10日）を基に野村総合研究所作成

さらに、その後、GX推進法に基づき、「脱炭素成長型経済構造移行推進戦略」（以下、「GX推進戦略」）が策定され、2023年7月28日には、閣議決定がなされた。[14]GX推進戦略は、主に（1）エネルギー安定供給の確保を大前提としたGXに向けた脱炭素の取り組み、（2）「成長志向型カーボンプライシング構想」などの実現・実行で構成されている。後者に関しては、「GXの実現に向け、『GX経済移行債』等を活用した大胆な先行投資支援、カーボンプライシングによるGX投資先行インセンティブ、新たな金融手法の活用等を含む『成長志向型カーボンプライシング構想』の実現・実行を行うこと」が記されている。GX推進戦略では、前述のGX基本方針で定められた排出量取引制度の段階的発展などが改めて明確化されたといえる。

以上、みてきたように、2020年10月の「2050年カーボンニュートラル宣言」から政策制度設計の議論が急速に動き、約2年半後には、排出量取引を含むカーボンプライシングの正式な導入が定められたこととなる。

カーボンクレジット関連の動向

本節の最後に、カーボンクレジット関連の2050年カーボンニュートラル宣言以後の政策制度の動きについても簡単に触れる。前述の「世界全体でのカーボンニュートラル実現のための経済的手法等のあり方に関する研究会」の中間とりまとめでは、カーボンクレジットに関して、「カーボン・クレジットの位置づけの明確化」、中長期にわたり行動変容をもたらすために「カーボン・クレジット市場の創設」が必要という2つの政策の方向性が示された。[9]

これを受けて、経済産業省では、2021年11月に「カーボンニュートラルの実現に向けたカーボン・クレジットの適切な活用のための環境整備に関する検討会」を設置・開催し、2022年6月には、その内容を取りまとめた「カーボン・クレジット・レポート」を公表した。[15]当該レポートでは、カーボンクレジットをめぐる国内外の動向を整理に加えて、カーボンクレジ

ットの適切な活用に向けた需要面・供給面・流通面での課題が整理され、取り組みの方向性・具体策が言及された。

　また、カーボンクレジット取引市場の創出に向けた検討として、2022年9月から2023年1月にかけて、日本取引所グループ（以下、「JPXグループ」）の東京証券取引所によるJ-クレジットなどの市場取引に関する実証が経済産業省による委託事業の形で行われた。これは、カーボンクレジット市場設立に向けた技術的課題の検討を目的としたもので、183者の企業・地方自治体が実証に参加し、政府保有分の販売を含むJ-クレジットの取引が行われた。[16] これら以外でも、J-クレジットの需要拡大（例：森林由来・吸収系J-クレジットの評価ルールの変更）や供給拡大（例：改正省エネルギー法におけるJ-クレジット活用を非化石エネルギーとして認める制度の導入）などに関する制度改定の取り組みもなされてきており、カーボンクレジットの活用拡大に向けた政策制度の整備が進められてきている。

1.2 カーボンプライシング

　前節では、排出量取引・カーボンクレジットにかかわる政策制度の動向を整理し、「成長志向型のカーボンプライシング」が示され、これが現在、そして今後の日本国内の脱炭素・GXに向けた政策制度において重要な役割を担うことを述べた。本節では、脱炭素の実現に向けたさまざまな政策的手法におけるカーボンプライシングの位置づけを確認したうえで、排出量取引・カーボンクレジット以外を含むカーボンプライシングの全体像について述べる。

1.2.1 排出削減に向けた経済的手法

排出削減に向けた政策的手法

　2050年カーボンニュートラルという野心的な目標は、ひとつの政策だけで実現できるものではない。そうしたなか、世界各国で従前の規制強化のみならず、脱炭素に向けたさまざまな政策的手法が検討・実行されている。

　第五次環境基本計画[17]では、各主体に影響を与える代表的な環境政策手法として、①規制的手法（直接規制的手法、枠組規制的手法）、②経済的手法、③自主的取組手法、④情報的手法、⑤手続的手法が挙げられた。表1-2に、これら「排出削減のための政策的手法」を整理したものを示す。

　まず、「①規制的手法」は、社会全体として達成すべき目標を示し、法令による統制を通じて目標を達成しようとする手法である。環境汚染防止のための土地利用・行為規制や自然環境保全に向けた先行的な措置などに効果的とされている。次に、「②経済的手法」は、市場メカニズムを前提とし、経済的インセンティブの付与を通じて経済合理性に沿った行動を誘導しようとする手法である。直接規制や枠組規制を執行することが困難な多数の主体（企業など）に対して、市場価格の変化などを通じて環境負荷の低減に有効に働きかける効果がある。続いて、「③自主的取組手法」は、事業者などが自らの行動に一定の努力目標を設定し、対策を実施するものであり、事業者の専門性や創意工夫を活かしながら迅速かつ柔軟な対応が期待される。事業者などが努力目標を社会に対して広く表明し、政府による進捗点検などが行われることで、事実上、社会公約化がなされて、さらなる効果が発揮される。さらに、「④情報的手法」は、投資や商品などの購入において、環境保全に積極的な事業者や環境負荷の少ない商品を選択できるように、環境負荷などに関する情報開示と提供を行う手法である。製品・サービスの提供者も含めた各主体の環境配慮を促進していくうえで効果が期待される。最後に、「⑤手続的手法」は、各主体の意思決定の過

表1-2　排出削減のための政策的手法

施策手法	概要	期待される効果
規制的手法	・ 法令により一定の目標と遵守事項等を示し、統制的に達成を促す（直接規制的手法） ・ 目標を提示し、その達成又は一定の手順や手続を踏むことを義務化（枠組規制的手法）	・ 環境汚染防止のための土地利用・行為規制 ・ 定量的な目標や遵守事項を明確にすることが困難な新たな環境汚染の予防・先行措置
経済的手法	・ 市場メカニズムが前提 ・ 経済的インセンティブの付与により、各主体の経済合理性に沿った行動を誘発	・ 直接・枠組規制を執行することが困難な多数の主体に対し、市場価格の変化などを通じて環境負荷の低減を促進
自主的取組手法	・ 事業者などが自らの行動に一定の努力目標を設けて対策を実施	・ 事業の専門的知識や創意工夫を活かし、複雑な環境問題に迅速かつ柔軟に対処
情報的手法	・ 環境保全活動に貢献する事業者・製品などを投資や購入にあたって選択できるように、環境負荷などに関する情報を開示	・ 製品・サービスの提供者も含めた各主体の環境配慮促進
手続的手法	・ 各主体の意思決定過程に、環境配慮の判断を行う手続さと判断基準を組み込む	・ 各主体の行動への環境配慮の織り込み

出所）環境省「環境基本計画」(2018年4月17日)を基に野村総合研究所作成

程に、環境配慮に関する判断基準や手続を導入する手法である。環境影響評価制度や、化学物質の環境中への排出の報告を求める制度などは、この例であり、各主体の行動への環境配慮を織り込んでいくうえでの効果が期待される。[17]

　脱炭素の確実な実行、GXの実現には、前述①〜⑤のようなさまざまな手法を効果的に組み合わせた政策・制度を導入していくことが求められている。

排出削減に向けた経済的手法の重要性

　脱炭素への対応は、社会全体での費用負担を必要とするものであり、経済面の議論・対策を避けて通ることはできない状況となっている。例えば、国際エネルギー機関（International Energy Agency。以下、「IEA」）では、世界全体のエネルギー部門における2050年NZE（ネット・ゼロ・エミッション）シナリオ達成のための年間投資金額として、2030年から2050年にかけては2016〜2020年水準（2.2兆ドル）の倍以上である4.5兆〜5.0兆ドルが必要であると試算がされている。[18]このように、カーボンニュートラルの実現に必要な費用は、膨大な金額となることが想定される。

　そのようななか、社会全体として脱炭素対策のコストを削減し、ひいては持続可能な経済成長に資する取り組みにつなげていくことが重視されるようになっている。特に、経済をけん引する民間企業などの意思決定においては、施策の経済性を判断するうえでも「価格」が重要な要素となる。こうした背景から、価格シグナルを通じて経済的インセンティブを活用し、合理的な行動を促そうとする経済的手法への期待が高まっている。

1.2.2 カーボンプライシングの概要

　カーボンニュートラル実現に向けた経済的手法として代表的なものが「カーボンプライシング」である。カーボンプライシングは、各主体から

図1-2　カーボンプライシングの分類

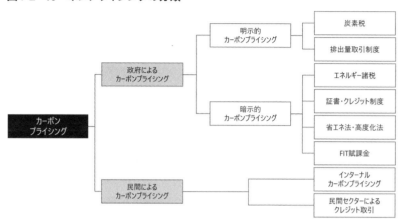

出所）経済産業省「第1回 世界全体でのカーボンニュートラル実現のための経済的手法等のあり方に関する研究会 事務局資料」（2018年4月17日）を基に野村総合研究所作成

排出されるカーボン（炭素）に価格を付け、市場メカニズムにおける経済的インセンティブの付与を介して、排出者の行動変容を促そうとする手法である。カーボンプライシングが導入されていない状況では、炭素は「無料」で排出することが許されるが、カーボンプライシングが導入されると、炭素を排出する主体は、排出量に応じた金銭的負担を求められるようになり、排出行動にかかわる意思決定に影響が及ぶこととなる。

カーボンプライシングの種類と概要

　カーボンプライシングは、政府による経済的手法としてのカーボンプライシングと、民間企業などの主導による自主的なものに大別される。図1-2に、カーボンプライシングの分類を示す。

　まず、政府によるカーボンプライシングについては、さらに、排出されるCO2トン当たりの価格を直接的に明示して負担させる「明示的カーボンプライシング（explicit carbon price）」と、消費者や生産者に対し、間接的に排出削減の価格を負担させる「暗示的カーボンプライシング（implicit carbon price）」の2つに分類される。

　明示的カーボンプライシングでは、それまで価格のなかった温室効果ガスの社会的費用を「見える化」し、温室効果ガス排出量に応じた費用負担を求めることが可能となる。明示的カーボンプライシングの代表例としては、クレジット取引、排出量取引、炭素税、国際機関による市場メカニズムが挙げられる。一方、温室効果ガス排出量に対して明示的に価格付けをするものではないが、消費者や生産者に対して間接的に温室効果ガス排出の価格を課すものが暗示的カーボンプライシングである。暗示的カーボンプライシングとしては、エネルギー課税や補助金、エネルギー消費量や機器などに関する基準・規制など、間接的に温室効果ガス削減効果をもたらす政策や取り組みが幅広く該当する。[19]

　前述の政府によるカーボンプライシングに対し、近年では、民間主導によるカーボンプライシングの動きも多様化・加速しつつある。これまで、温室効果ガスは負の外部性を持つ、いわば「迷惑財」として扱われてきた。そして、企業が温室効果ガス排出のコスト負担を自ら内部化しようとはしないという前提のもと、政府主導によるカーボンプライシングが主に議論されてきた。他方、近年では、脱炭素化を要請するサプライチェーン上の取引慣行や金融市場などの変化により、グローバル企業を中心に、温室効果ガス排出のコストを自ら内部化しようとする動きも進んでいる。カーボンニュートラルの実現に向けては、CO_2削減のメタ情報（削減方法や場所など）を求める動きや、CO_2そのものを原材料として活用してイノベーションに挑戦する動きもある。結果として、CO_2は迷惑財という側面だけでなく、CO_2を削減すること自体が価値として認められるなど、CO_2に関する新たな価値が生じ、価格づけされて市場で取引されるようになりつつある。[20]

　民間主導によるカーボンプライシングの例としては、インターナルカーボンプライシングや、民間セクターによるボランタリーカーボンクレジットなどの自主的なカーボンクレジット取引などが挙げられる（ボランタリ

ーカーボンクレジットに関する詳細は3章を参照)。

　インターナルカーボンプライシングとは、企業が自社内部で独自に設定・使用する炭素価格であり、省エネルギー推進へのインセンティブ、収益機会とリスクの特定、投資意思決定の指針などとして活用される。企業内部において、部門ごとの脱炭素貢献を「見える化」することで、全社的な低炭素取り組みレベルの平準化を図ることが期待される。また、世の中の脱炭素の動きが強まっている場合は、価格を上げて気候変動経営を推進する一方、脱炭素の動きが弱まっている場合は価格を下げるなど価格設定が柔軟にできるため、適切に運用を行えば、企業の意思決定にかかわるリスクを一定程度回避することができる。さらに、対外的には、低炭素要請に対する企業の姿勢を定量的に示すことができる。インターナルカーボンプライシングの導入例として、Unileverでは、設備投資決定のキャッシュフロー分析にインターナルカーボンプライシングを適用し、炭素コストの経済的影響を可視化したり、各ユニットの予算から、排出量に応じて研究開発（R&D）ファンドに入金する仕組みなどを取り入れている。[21]

　気候関連の情報開示を推進する気候関連財務情報開示タスクフォース（Task Force on Climate related Financial Disclosures。以下、「TCFD」）においても、インターナルカーボンプライシングの導入が推奨されていることなどから、導入企業数は増加傾向にある。Carbon Disclosure Project（以下、「CDP」）[22]によると、インターナルカーボンプライシングを導入している企業は、2015年にはグローバルで427社であったが、2020年には858社となっている。日本企業では、2020時点において118社が導入しており、301社のEUに次ぐ規模である。また、同時点で、2年以内にインターナルカーボンプライシングを導入したいと回答した企業も133社にも上った。

明示的カーボンプライシングの意義
　「カーボンプライシングのあり方に関する検討会」[19]では、世界の気候変

動をめぐる取り組みの状況を踏まえると、日本としてさまざまなイノベーションを起こし、脱炭素社会に向けた円滑な移行を実現させていくことで、気候変動対策を通じた経済・社会的課題との同時解決を目指すことが重要であるとされた。そして、その推進力として、カーボンプライシングの中でも、明示的カーボンプライシングの役割は特に重要であるとされた。明示的カーボンプライシングは、「①費用効率的に削減目標を達成できる」、「②脱炭素社会に向けた共通の方向性を提示できる」という点において高い効果が期待される。それぞれに関する概要を以下に述べる。

①費用効率的に削減目標を達成できる

　明示的カーボンプライシングのもとでは、温室効果ガス排出による費用が「見える化」される。このことによって、各排出削減対策に要する費用と、カーボンプライシングによる負担を比較しながら、排出削減を検討することが可能になる。各主体の経済合理性を前提にすると、炭素価格を支払うよりも対策コストが安い排出削減策について、費用が安くコストパフォーマンスが高いものから順に選択されるため、結果として、社会全体で費用効率的に温室効果ガスを削減できることとなる。そして、炭素価格水準よりも高い費用がかかる対策のみが残った段階で、排出削減の代わりにカーボンプライシングによる費用負担が選択されることになる。温室効果ガスの長期的かつ大幅な削減には、巨額の資金が必要となることが予測されることから、この費用効率性は、明示的カーボンプライシングの魅力的な特徴とされている。[19]明示的カーボンプライシングによる炭素価格を考慮した削減対策選択のイメージを図1-3に示す。

　明示的カーボンプライシングにより、排出削減コストと費用効率性が明確化されることは、公平性の確保の観点からも重要な役割を果たす。例えば、明示的カーボンプライシングにより、長期的な排出削減を進めてきた事業者に対しては、追加的に過度な削減要求を行うといった事態を避ける一方で、費用効率性が高い対策すらも実施していない事業者に対しては、

図1-3 明示的カーボンプライシングに基づく対策選択のイメージ

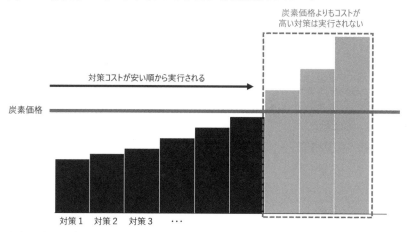

出所）環境省「カーボンプライシングのあり方に関する検討会 取りまとめ」（2018年3月）を基に野村総合研究所作成

削減の実施を促すことが可能となる。

　また、明示的カーボンプライシングは、汚染者負担の原則（Polluter Pays Principle）とも整合的である。汚染者負担の原則とは、経済協力開発機構（OECD）の閣僚理事会で勧告された考え方で、汚染を引き起こした原因となる主体が環境汚染の防止や対策にかかるコストを自ら費用負担し、解決を行うべきことを示す。明示的カーボンプライシングは、炭素排出量に応じて排出者に負担を課し、排出に伴う社会的費用を内部化する仕組みであるため、資源の最適配分を達成するだけでなく、社会的に公平な取り組みの実施を促すためにも有効な手段であるといえる。[19]

②脱炭素社会に向けた共通の方向性を提示できる

　明示的カーボンプライシングを通じて、企業や投資家といったステークホルダーに対し、温室効果ガス削減に向けた共通の方向性が示されることが期待される。企業努力によってもたらされる低炭素製品・サービスの普及や、革新的技術の研究開発への投資を含めた戦略的企業経営の実行の観

点からも、脱炭素化に向けて進むべき指標を示すことは、現在、世界各国において求められている。前述のように、投資判断において自主的に設定したインターナルカーボンプライシングを考慮する企業がみられるなど、気候変動のリスクと機会を財務面から捉える取り組みは一部で進みつつあるが、明示的カーボンプライシングを導入することで、こうした各企業の取り組みに共通の定量的な基準を提示することができる。[19]

炭素税と排出量取引

　明示的カーボンプライシングの代表的なものとしては、「炭素税」と「排出量取引制度（Emissions Trading Scheme：ETS）」が挙げられる。炭素税は、燃料・電気の利用（すなわちCO_2の排出）などに対して、その量に比例した課税を行うことで、炭素に価格を付ける仕組みである。[23]排出量取引は、制度に参加する企業ごとに許容する排出量の上限を定め、上限を超過してCO_2を排出した企業と、削減努力を進めて上限を下回る企業との間で、過不足分を売買する仕組みである。排出量取引の詳細は1.3節、2章で述べる。

　炭素税の課税対象は、上流（化石燃料の採取時点、輸入時点）、中流（化石燃料製品〈揮発油などの石油製品、都市ガスなど〉や電気の製造所からの出荷時点）、下流（化石燃料製品、電気の需要家〈工場、オフィスビル、家庭など〉への供給時点）、最下流（最終製品〈財・サービス〉が最終消費者に供給される時点）の4パターン、又はその組み合わせとすることが考えられる。例えば、上流過程においては、化石燃料の輸入・採取業者に課税される。また、最下流段階においては、石油精製品や石炭、電気の小売事業者や需要家に対して課税される。[23]

　炭素税の利点や課題としては、以下が挙げられる。[23]

利点

• 課税によって幅広い主体に価格シグナルが発出される。一般的にカバレ

ッジが広く、あらゆる主体の行動変容を促すことができる。
- 税率を設定することで安定した価格シグナルが発出されるため、脱炭素化に取り組むインセンティブや、投資に必要な予見可能性が確保される。
- 税収を上げられるため、税収を活用した投資・イノベーションや技術の普及などの後押しが可能となる。
- 税の減免・還付措置など、さまざまな懸念点に配慮するための措置を講じることもできる。

課題
- 成立した税率によって、どの程度の削減活動が行われるか見通しにくいため、確実性を持って削減量を担保することが難しい。
- 税負担が発生するため、民間企業の投資・イノベーションの原資を奪う、エネルギーコストの上昇が産業の国際競争力に悪影響を与える、逆進性の問題が起こり得るなどの懸念がある。
- 税負担に対する国民の受容性の問題がある。

　なお、炭素税は、政府により炭素税の税率として価格を固定する「価格アプローチ」に該当する。一方、排出量取引は、多くの場合、政府により全体排出量の上限（キャップ）が設定されるものであり、数量を固定する「数量アプローチ」である。炭素税は税率の形で炭素価格を固定することができ、行政コストが比較的低いものの、排出量のコントロールは難しい。一方、排出量取引制度は、政府として排出量の数量を固定するため排出量をコントロールしやすいが、制度設計が複雑であり、価格は基本的に市場に委ねられる。[20] このような炭素税と排出量取引の違いを次頁の表1-3に示す。

表1-3 炭素税と排出量取引制度の違い

施策	概要	メリット	デメリット
炭素税 （価格アプローチ）	・価格 　政府により価格固定 ・排出量 　税率水準を踏まえた各排出主体の行動により決定	・上流課税が下流に転嫁される際、最適な資源配分につながる ・価格一定のためビジネスの予見可能性が高い ・既存税制の活用などにより行政の執行コストが低い ・税収による安定的な財源確保	・量をコントロールができないため削減量は不確実 ・低所得者への逆進性 ・業界間などの関係性次第で、最終製品に価格転嫁できない ・エネルギーコスト増により国際競争力の減少につながる恐れ
排出量取引制度 （数量アプローチ）	・価格 　排出枠が市場で売買される結果により価格決定 ・排出量 　政府により排出量上限が固定	・理論上排出量をコントロール可能 ・排出権を市場で融通するため効率的な再分配が可能 ・有償割当の場合、売却益を政府が得られる	・排出権の価格が変動し、ビジネスの予見性が低い ・運用・制度設計が複雑 ・公正な排出量設定が困難

出所）経済産業省「第4回 世界全体でのカーボンニュートラル実現のための経済的手法等のあり方に関する研究会 事務局資料」（2021年4月22日）、環境省「カーボンプライシングのあり方に関する検討会 取りまとめ参考資料集」（2018年3月）を基に野村総合研究所作成

図1-4　グローバル排出量におけるカーボンプライシングのカバー率の推移

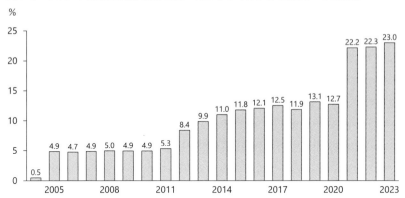

出所) World Bank"Carbon Pricing Dashboard"https://carbonpricingdashboard.worldbank.org/map_
data(2023年7月9日閲覧)を基に野村総合研究所作成

1.2.3 カーボンプライシング導入にかかわる動き

各国の明示的カーボンプライシングの導入状況

　1990年に、フィンランドで世界初のカーボンプライシングとなる炭素
税が導入された。そして、その後、EU加盟国を中心に炭素税の導入が世
界各国で進んできた。また、2005年には、EU加盟の25カ国を対象に排出
量取引制度（EU-ETS）の運用を開始した。2023年8月の執筆当時、炭素
税あるいは排出量取引制度によるカーボンプライシングを導入している
国・地域は、合計で73に上る。[24]2014年時点での導入は35の国・地域であ
ったが、過去10年で2倍以上に増加した。2023年時点では、カーボンプ
ライシングを基にした各イニシアティブにより、世界中で116.7億t-CO2e
の温室効果ガスがカバーされており、これは、世界の温室効果ガス排出量
の23.0％に当たる。カーボンプライシングによる温室効果ガス排出量の
カバー率の推移を図1-4に示す。

日本における明示的カーボンプライシング

　日本においては、「地球温暖化対策のための税（地球温暖化対策税）」として、2012年より実質的な炭素税が導入されている。これは、石油・天然ガス・石炭といったすべての化石燃料の利用に対し、環境負荷に応じて広く薄く公平に負担を求める仕組みである。化石燃料ごとのCO_2排出原単位を用いて、それぞれの税負担がCO_2排出量1トン当たり289円に等しくなるよう、単位量当たりの税率が設定されている。負担額は2012年10月から2016年4月にかけて段階的に引き上げられたもので、導入当初と比較すると約3倍の価格になっている。税収は、初年度の2012年度が391億円、2016年度以降2,500億円程度である。[25]一方、スウェーデンでは、炭素税率がCO_2排出量1トン当たり119EUR（約1万5,000円）に設定されており、フランスやアイルランド、カナダでは、中長期的に大幅な炭素税率の引上げが予定されているなど、海外と比較すると、日本の炭素価格設定は低い水準となっている。[19]また、「排出量取引制度」については、2010年より東京都、2011年より埼玉県で導入されたが、全国的な取り組みは、これまで本格的な導入がされてこなかった。そこで、世界的なカーボンプライシング導入・強化の流れも受けて、前述のとおり、2023年にはGX推進法が成立し、（租税ではないが、カーボンプライシングの仕組み上は実質的に炭素税と同等とも言い得る）炭素に対する賦課金の導入と、本格的な排出量取引制度の導入が定められた（国内排出量取引制度の詳細は2章で述べる）。

1.3 排出量取引とカーボンクレジットの概況

　本節では、カーボンプライシングの中でも、国内で検討が本格化している排出量取引、カーボンクレジットに着目し、その概要を示す。なお、排出量取引とカーボンクレジットの詳細や具体例は、それぞれ2章、3章に

示すため、ここでは、これらの定義や分類などについてのみ述べる。

1.3.1 排出量取引とカーボンクレジットの違い

「排出量取引」は、特定の組織や施設からの排出量に対して一定量の排出枠の上限を設定し、排出量が上限を超過した場合、排出枠以下に抑えた企業から超過分の排出権を購入する仕組みである。排出量の上限（キャップ）を定めることから、「キャップ＆トレード」とも表現される。排出削減に取り組み、排出枠以下の排出量を達成できる主体には経済的なメリットが生じ、排出削減が進まず排出枠以上の排出を行う主体は追加的なコストを支払うことが必要となる。なお、排出量は、多くの場合、取引市場などで取引がされる（取引市場の詳細は4章を参照）。

　一方、「カーボンクレジット」とは、温室効果ガスの排出削減量を排出権としてクレジット化することで、排出削減量を主体間で売買することができる仕組みである。具体的には、ボイラーの更新や太陽光発電設備の導入、森林管理などの排出削減プロジェクトを対象に、そのプロジェクトが実施されなかった場合の排出量と炭素吸収・炭素除去量（以下、「排出量など」）の見通しと実際の排出量など（プロジェクト排出量）の差分について、MRV（Measurement, Reporting and Verification。測定・報告・検証）を経て、国や企業などの間で取引できるよう認証したものと定義される。カーボンクレジット創出者は、カーボンクレジット販売収益を得ることができるため、カーボンクレジットは、排出削減・炭素吸収・炭素除去に対するインセンティブメカニズムのひとつとされている。[15]カーボンクレジットは、ベースラインとなる排出量などと実排出量の差分を対象とすることから、「ベースライン＆クレジット」とも表現される。1997年に採択された京都議定書に基づき、他国での排出削減プロジェクトの実施による排出削減量などをクレジットとして取得し、自国の議定書上の約束達成にも用いることが認められるようになるなど、カーボンクレジットの活発な取引

表1-4　キャップ＆トレードとベースライン＆クレジットの違い

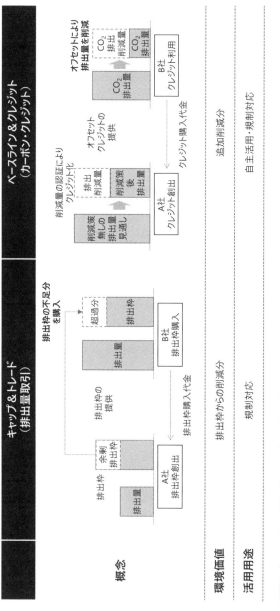

	キャップ＆トレード（排出量取引）	ベースライン＆クレジット（カーボン・クレジット）
概念		
環境価値	排出枠からの削減分	追加削減分
活用用途	規制対応	自主活用・規制対応

出所「カーボンニュートラルの実現に向けたカーボン・クレジットの適切な活用のための環境整備に関する検討会 カーボン・クレジット・レポート」(2022年6月)を基に野村総合研究所作成

を促す制度設計も進められてきた。

　以上のような排出量取引（キャップ＆トレード）と、カーボンクレジット（ベースライン＆クレジット）の違いを表1-4に整理した。

　排出量取引では多くの場合、規制対応となり、上限を超過する場合は他者から排出枠を調達することが求められる。一方、カーボンクレジットは、多くの場合、カーボンオフセットのような自主的な取り組みに用いられる。しかし、制度によっては、カーボンクレジットを規制対応に用いることが許容されている場合もある。さらには、排出量取引における排出枠を補完するものとして、排出枠の規制対象となる主体外からのカーボンクレジットの購入を認めている事例もある。

1.3.2 排出量取引の概要

排出量取引の分類

　排出量取引制度は、排出量の割当方法により分類することができる。次頁の表1-5に排出量取引制度の分類と、その概要を示す。

　まず、排出量取引制度は、排出枠を事業者などに無償で割り当てる「無償割当」と、有償にて割り当てる「有償割当」に大別できる。無償割当は、有償割当に比べて、排出量取引制度の導入に伴う急激な変化による社会的インパクトを軽減することができ、かつ排出量取引制度の対象事業者の制度対応ノウハウの育成にも向いていることから、制度導入当初は無償割当を中心とした割当方法が採用されることもある[26]。

　さらに、無償割当は、グランドファザリング型とベンチマーク型に分けられる。まず、グランドファザリング型は、企業などの過去の排出実績を基にして排出枠を設定するもので、排出削減のポテンシャルを踏まえた設定がなされる。具体的には、排出枠は「排出枠＝過去の排出実績×（1－削減率）」のような形で設定がされる。過去の排出実績を基に設定するため、排出枠の設定は相対的に容易とされる。グランドファザリング型を採用し

表1-5 排出量取引の分類

	無償割当		有償割当
	グランドファザリング型	ベンチマーク型	オークション型
概要	・過去の排出実績をもとに排出枠を設定 ・削減率は、排出削減ポテンシャルを踏まえて設定 ・排出枠の設定は相対的に容易	・事業者・産業ごとに望ましい原単位水準（ベンチマーク）を定めて排出量を設定 ・製品・工程ごとのベンチマーク設定用のデータ収集に一定の期間とコストが必要	・オークションにより排出枠を配分 ・行政の恣意性が入ることなく、割当の公平性・透明性を確保することが可能
事例	・米国カリフォルニア州（天然ガス供給業者） ・韓国（ベンチマーク適用されない業種） ・東京都、埼玉県	・EU-ETS（炭素リーケージリスクのある製造業） ・米国カリフォルニア州（製造業全般） ・韓国（第3フェーズ：発電、セメント、石油精製など12業種）	・EU-ETS（発電部門は100%有償割当。炭素リーケージリスクのある製造業は無償割当とは別途割当） ・米国カリフォルニア州（発電事業者） ・韓国（第3フェーズ：発電など42業種に対し無償割当とは別途割当）

出所）環境省「第14回 カーボンプライシングの活用に関する小委員会 資料2」(2021年4月)を基に野村総合研究所作成

ている例としては、東京都の排出量取引制度などが挙げられる。

　次いで、ベンチマーク型は、事業者や産業ごとに基準となる排出量を定め、それに基づいて排出枠を設定するものである。現実的なベンチマーク設定のためには、製品や工程ごとのデータ収集なども必要になることから、制度の施行においては、一定の期間とコストを要するとされている。排出枠は「排出枠＝ベンチマーク×活動水準（生産量など）」のような形で設定される。ベンチマーク型を採用する場合でも、ベンチマークを設定できない製品や工程においては、前述のグランドファザリングを適用するケースもある。ベンチマーク型を採用している例としては、EUや米国カリフォルニア州の制度などが挙げられる。

　最後に、有償割当であるオークション型は、各事業者が、排出枠の一部又は全部を、オークションを通じて有償で取引するものである。排出枠は、オークションを通じて取引されるため、比較的公平性、透明性を担保しやすい。韓国の制度のように、無償割当に加えて、オークションによって排出枠が割り当てられるケースもある。[26]

排出量取引制度設計における課題

　排出量取引制度においては、排出枠や無償枠の設定、取引価格の調整などが求められる。また、対象を特定業種とするか業種横断的とするかや、事業者の排出量全体とするか特定設備とするかなどについて、政策目的に応じて慎重に検討する必要がある。[20]

　排出量取引制度の利点と課題としては、下記が挙げられる。[26]

利点

- 排出量の上限を設定するため、理論上は、制度設計により排出量をコントロールすることができる。
- 費用効率的に排出削減を達成するための最適な炭素価格が、市場メカニズムを通じて導出される。

- 価格シグナルを通じて、排出削減に取り組むインセンティブがもたらされる。
- 有償割当の場合、政府はオークション収入を得て、イノベーション投資などに活用できる。
- 一定の業種に対しては無償割当を行うなど、さまざまな懸念点に配慮するための措置を講じられる。

課題
- 排出枠価格が経済状況や化石燃料価格などによって上下するため、炭素価格の予見可能性の確保が困難な場合がある。
- 運用・制度設計が複雑であり、行政の執行コストが比較的高い。
- 公正な排出量の設定・割当が困難である。

　排出量取引の主体となる、事業者負担の緩和措置を検討することも、排出量取引制度の重要なポイントである。例えば、バンキング（特定のフェーズで創出された余剰排出枠を次期フェーズ以降に繰り越すこと）や、ボローイング（実質的に次期フェーズの排出枠を使用すること）の可否も事業者の意思決定に影響を与え得る（バンキングとボローイングの概要は表1-6を参照）。さらに、排出枠の目標達成において、海外クレジットや国内削減などに伴うクレジットなど、外部クレジットの活用を認めるか否かということも論点となる。[27]

1.3.3 カーボンクレジットの概要

カーボンクレジットとカーボンオフセット

　カーボンニュートラルの実現に向けては、市民、企業、非政府組織（NGO）/ 特定非営利活動法人（NPO）、自治体、政府などの社会の構成員が、自らの温室効果ガスの排出量を認識し、主体的にこれを削減する努力

表1-6 バンキング・ボローイングの概要

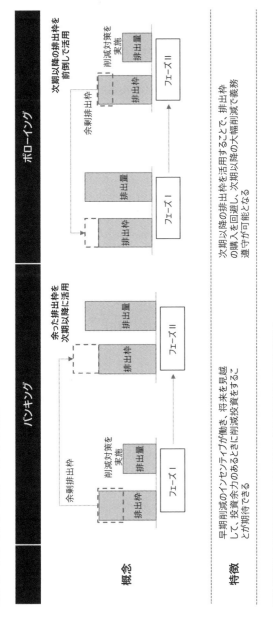

	バンキング	ボローイング
概念	余った排出枠を次期以降に活用 フェーズI → フェーズII （排出枠／排出量／削減対策を実施／余剰排出枠）	次期以降の排出枠を前倒しで活用 フェーズI → フェーズII （排出枠／排出量／余剰排出枠／削減対策を実施）
特徴	早期削減のインセンティブが働き、将来を見越して、投資余力のあるときに削減投資をすることが期待できる	次期以降の排出枠を活用することで、排出枠の購入を回避し、次期以降の大幅削減で義務遵守が可能となる

出所）環境省「国内排出量取引制度について」（2013年7月）を基に野村総合研究所作成

を行うことが前提となる。そのうえで、削減努力をしてもなお削減困難な排出量については、他の場所で実現した温室効果ガスの排出削減・吸収量などをカーボンクレジットとして購入することなどにより、その排出量の全部又は一部を埋め合わせる「カーボンオフセット」の取り組みが求められる。[28]

　カーボンオフセットにおいては、通常、まずカーボンクレジット発行者からカーボンオフセットを行う利用者にカーボンクレジットの移転が行われる。この際、排出削減・吸収量などの二重カウント防止のために、移転した排出削減量は、カーボンクレジット発行者が自ら主張することができなくなる（カーボンクレジット発行者へ移転分のオンセットがされる）。そして、カーボンクレジットの利用者は、カーボンクレジットの登録簿（クレジットの発行、保有、移転などを正確に管理するために電子システムにより整備する管理台帳）上でクレジットを「無効化」する手続きを行う。ここで、無効化とは、特定のカーボンオフセットにカーボンクレジットを用いて、そのクレジットが再販売・再使用されることを防ぐため効力をなくすことを意味する。[15]

カーボンクレジットの種類

　カーボンクレジットには、カーボンクレジット制度の運営・管理主体などにより、さまざまな種類が存在する。まず、公的機関が運営主体となる「公的クレジット」と、民間によって運営・管理される「ボランタリーカーボンクレジット」に大別することができる。そして、公的クレジットは、国際機関が運営する「国際的クレジットメカニズム」と「地域・国家・地方による独自のクレジットメカニズム」に分類できる。日本における公的クレジットの例として、J-クレジットが挙げられる。2008年に排出削減活動や森林整備によって生じた排出削減・吸収量を認証する「オフセット・クレジット（J-VER）制度」が創設され、2013年度からは、J-VER制度と国内クレジット制度が発展的に統合したJ-クレジット制度が開始した。

また、運営・管理主体以外にも、排出削減を実現する削減施策によって
も分類される。具体的には、排出削減施策によって大きく「排出回避／削
減型」と「固定吸収／貯留型」に分けることができ、さらに、両者について
「自然ベース」のものと「技術ベース」のものに細分することができる。[15]

カーボンクレジットの種類によって、その用途や市場での取引価格など
も大きく異なってくる。カーボンクレジットの分類について、詳細は3章
に示す。

カーボンクレジットの要件

カーボンクレジットには、さまざまな種類・方法論が存在しているが、
安易なクレジット創出や利用はグリーンウォッシュ（見せかけだけの環
境配慮）であるといった批判につながり得る。そうしたなかで、国際的に
クレジットの品質を担保するための基準を設ける重要性が高まってきてい
る。

カーボンクレジットの信頼性を構築するためには、確実な排出削減・吸
収が実現されていることや、排出削減・吸収量が一定の精度で算定されて
いること、温室効果ガス吸収の永続性が確保されていること、クレジット
を創出するプロジェクトの二重登録・クレジットの二重発行・クレジット
の二重使用が回避されるなどの一定の基準を満たしていることなどが必要
である。カーボンクレジットがこれらの基準を満たしていることを確保す
るためには、第三者機関による検証が行われていることが望ましい。[28]

クレジット認証における要件の例として、ボランタリーカーボンクレジ
ットの信頼性評価を行う国際NGOであるICROA（International Carbon
Reduction & Offset Alliance）は、すべてのカーボンクレジットとプロジ
ェクトが満たすべき品質基準として、Unique、Real、Permanent、Addi-
tional、Independently verified、Measurable を示している。具体的な内容
を次頁の表1-7に示す。

表1-7 ICROA CODE OF BEST PRACTICE の要件

項目	概要
Unique （二重カウントされていない）	・カーボンクレジットは唯一無二であり、ダブルカウント（二重発行、二重使用、二重請求）されてはならない ・カーボンクレジットは、独立したレジストリーで管理され、無効化・償却されなければならない
Real （実際に行われている）	・すべての排出削減・炭素除去活動は、真に行われたものでなければならない ・排出削減・炭素除去活動は測定・監視・事後的な検証を受けなければならない
Permanent （永続性）	・カーボンクレジットは、恒久的な排出削減と除去に対して発行されるものでなければならない ・プロジェクトに可逆性リスクがある場合、リスクを最小限に抑えるための適切な手段を講じ、補償メカニズムを導入する必要がある
Additional （追加性）	・プロジェクトに基づく排出削減・除去は、プロジェクトが実施されなかった場合に発生したであろう排出削減・除去を超える追加的なものでなければならない
Independently verified （独立した検証）	・すべての排出削減・除去は、認定された独立した第三者検証者によって検証されなければならない
Measurable （測定可能性）	・すべての排出削減・炭素吸収・炭素除去は、信頼できる排出ベースラインに対して、認められた測定ツールを使用して定量化されなければならない

出所）ICROA「ICROA Code of Best Practice Version 2.1」(2023年7月)、ICROA「Standards Endorsement Terms and Conditions Version 2.0」(2023年3月)を基に野村総合研究所作成

カーボンクレジットと証書

　カーボンクレジットに似た概念ではあるが、電力・熱における環境価値の取引には、「証書」が用いられることがある。本コラムでは、カーボンクレジットと証書の違いについて紹介する。

カーボンクレジットと証書

　カーボンクレジットは、1.3節で述べたように、CO_2 などの温室効果ガス削減量や吸収量をクレジット化し、取引できるようにしたものである。一方、証書は、再生可能エネルギーや非化石エネルギーなどに由来する、主に電力や熱の「環境価値」の取引に用いられる。

　化石燃料などの従来エネルギーからの電力と、再生可能エネルギーなどからの電力は、「電気」としては同じものである。しかし、例えば、太陽光発電などの再生可能エネルギー由来の電力は、「電気そのものの価値」のほかに、温室効果ガスを排出しないという価値を有している。この付加価値が「環境価値」と呼ばれるものである。電力の使用者にとって、実際に使用している電力が、このような環境価値を有した電力であるかどうか判断することは難しい。そこで、環境価値の部分を取り出し、証書の形として売買する仕組みが考え出された。証書は、電力の発電日時や発電所、発電方式といった属性を証明する。例えば、再生可能エネルギーに由来した電力であることを証明する証書は、「再生可能エネルギー証書」と呼ばれる。電力の使用者は、この証書を購入することで、自らが使用している電力が再生可能エネルギーなどによって創出され、環境価値を有しているものであるとみなすことができる。

　日本においては、政府が管理する非化石証書や、民間事業者により管理されるグリーン電力・熱証書の取引が行われている。証書は、種類によっ

てはRE100やSBT目標の達成などの国際基準に沿った排出削減に活用できることから、これらのイニシアティブに加入する企業などからの需要が増加している。

　カーボンクレジットは、前述のとおり、ベースラインとなる排出量と実際の排出量の差分に基づく温室効果ガス削減量の価値を「t-CO2」単位で認証し、購入者も「t-CO2」単位でカーボンオフセットなどに用いる。これに対して証書は、実際の再生可能エネルギー量などに基づくものであり、環境価値を有する電力量・熱量を「kWh・kJ」単位で認証し、取引される。[15][29]このようなカーボンクレジットと証書の違いを表1-8に示す。

国内制度における証書

　日本国内においては、再生可能エネルギー証書として、主にJ-クレジット（再生可能エネルギー由来）、非化石証書、グリーン電力証書の3つが用いられている。J-クレジットは、カーボンクレジットのひとつであるが、再生可能エネルギー由来のものについては、再生可能エネルギー証書としての活用も認められている（詳細は後述）。

　非化石証書は、石油や石炭などの化石燃料を使っていない「非化石電源」で発電された電力であることを証明した証書のことで、2018年5月から開始された制度に基づくものである。非化石証書は、FIT制度（固定価格買取制度）を活用した太陽光・風力・小水力・地熱・バイオマスなどの再生可能エネルギーに由来する「FIT非化石証書」、再生可能エネルギーのうちFIT制度を活用していない再生可能エネルギーに由来する「非FIT非化石証書（再生可能エネルギー指定あり）」、原子力などの再生可能エネルギー以外の非化石電源による「非FIT非化石証書（再生可能エネルギー指定なし）」の3種類が存在する。非化石証書は制度開始当初、「エネルギー供給事業者による非化石エネルギー源の利用及び化石エネルギー原料の有効な利用の促進に関する法律（高度化法）」により、自ら調達する電気のうち、非化石電源比率を高めることが求められた小売電気事業者のみが調達でき

表1-8　カーボンクレジットと証書の違い

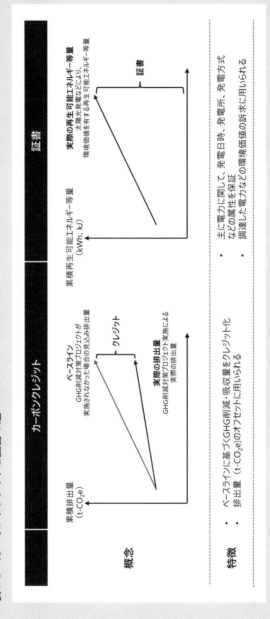

出所：カーボンニュートラルの実現に向けたカーボンクレジットの適切な活用のための環境整備に関する検討会「カーボン・クレジット・レポート」(2022年6月)を基に野村総合研究所作成

るものであった。しかし、その後、需要家の再生可能エネルギーへのアクセス性の改善のため、2021年11月に制度が改められ、需要家がFIT非化石証書を直接調達できるようになった。また、2022年4月からは、非FIT非化石証書についても、条件つきで需要家が直接調達することも認められるようになった。[30]

　グリーン電力証書は、再生可能エネルギーによって発電された電力（グリーン電力）の環境価値を、民間の第三者検証機関（日本品質保証機構〈JQA〉）が認証し、証書化して取引するものである。制度の目的として、グリーン電力発電設備を自ら保有することが困難な企業や自治体などが、環境対策に貢献すること、発電者が保有するグリーン電力環境価値が移転されることを通じて、グリーン電力の発電設備の建設、維持、拡大に貢献することが挙げられている。証書の購入者は、再生可能エネルギーによる発電設備を自ら所有しなくても、グリーン電力環境価値であるグリーン電力証書を活用することにより、自らが使用する電気が再生可能エネルギーによって発電されたものとみなすことが可能となる。[31]

　なお、前述のとおり、グリーン証書は民間の第三者認証を経て取引されるものであるが、国がグリーン電力証書のCO2排出削減価値を認証する「グリーンエネルギーCO2削減相当量認証制度」も運用されている。これにより認証されたCO2排出削減価値は、「地球温暖化対策推進法（温対法）に基づく温室効果ガス排出量算定・報告・公表制度」における国内認証排出削減量などにおいても活用可能となる。2013年度には対象が拡大され、グリーン電力に加え、グリーン熱も制度の対象となっている。[32] 表1-9に国内証書制度の概要を示す。

J-クレジットが有する証書としての価値

　J-クレジットは、基本的にはカーボンクレジットとして用いられるものであるが、再生可能エネルギー由来の発電・熱の方法論に基づくJ-クレジットに限り、再生可能エネルギー証書としての価値もあわせ持っている。

表1-9　国内における証書制度の概要

	J-クレジット（再生可能エネルギー由来）	非化石証書（再生可能エネルギー由来）	グリーン電力証書
発行主体	・経済産業省 ・環境省 ・農林水産省	・発電事業者 ※国が認証	・証書発行事業者 ※第三者認証
対象電源	・自家発電設備	・非自家発電設備（系統）	・自家発電設備
購入者	・電力小売事業者 ・最終需要家	・電力小売事業者 （最終需要家にも拡大）	・電力小売事業者 ・最終需要家
取引形態	・売り出しオークション ・相対（転売も可）	・取引所オークション ・相対（非FIT）	・発行事業者から直接購入

出所）経済産業省「第49回総合資源エネルギー調査会 電力・ガス事業分科会 電力・ガス基本政策小委員会 制度検討作業部会資料4」(2021年4月15日)を基に野村総合研究所作成

具体的には、再生可能エネルギー電力・熱由来J-クレジットをt-CO2ではなくkWhで表記し、電力相当量として利用することで、GHGプロトコル・Scope2（他者から供給された電気・熱）の基準を満たした再生可能エネルギー証書として活用ができる。調達したクレジットを無効化するにあたり、電力であれば、オフセットしたい消費電力（kWh）と、無効化するクレジットの持つ再生可能エネルギー（電力）量（kWh/t-CO2）から、実際に無効化するクレジット量（t-CO2）を算出する。このように、一部のJ-クレジットは、カーボンクレジットと証書の二面性を有している。[33]

図1-5　J-クレジットのカーボンクレジットと証書の関係

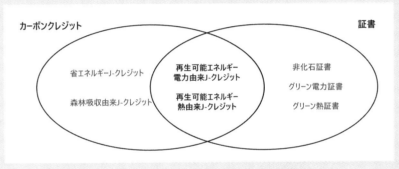

出所）J-クレジット制度事務局「J-クレジット制度について」（2023年7月）を基に野村総合研究所作成

2

排出量取引

本章では、排出量取引を取り上げて、その詳細を述べる。まず、グローバルにおける動向として、排出量取引を導入する各国の動向について述べたうえで、EU域内排出量取引制度（EU-ETS）の概況についての解説をする。そして、日本国内における動向として、これまで導入がなされてきた排出量取引制度についての概況について述べたうえで、GXリーグにおける自主的な排出量取引（GX-ETS）の制度・ルールに関する詳細の解説と考察を行う。

2.1 排出量取引のグローバル動向

　気候変動対策としての排出量取引制度は欧州において先行的に導入された。そして、その後、世界各国・地域でも独自の特徴を持った制度が導入され、現在に至るまで多くの検討・改定がなされてきている。

2.1.1 排出量取引導入国の状況

排出量取引制度導入国・地域の広がり

　排出量取引制度の萌芽事例は、1990年代に米国が導入した二酸化硫黄（SO_2）や窒素酸化物（NOx）に対する規制であった。当該制度は、酸性雨対策のひとつとして発電所から排出される大気汚染物質の排出を削減（例えば、SO_2を2000年までに1980年比で1,000万トン削減）することを目標とし、特に、石炭火力発電所を対象に1995年から開始された。基本的には、各発電所に対して基準年の実績に基づいて排出権が毎年無償で割り当てされたが、排出権の一部はオークションにより有償での配分もなされた。また、配分された排出権は他社と取引も可能とされた。[34]

　気候変動対策として世界で初めて排出量取引が導入されたのは、2001年のデンマークにおける制度であった。当該制度で対象となるガスはCO_2のみで、対象企業はCO_2排出量が年間10万トン以上の電力会社に限

定されていた。デンマーク政府は、電力会社に対して排出可能な量の割り当てを行い、これを受けた電力会社は期末に保有する排出量の割り当てを超えてCO_2を排出してはならないとされた。また、電力会社は、もともと割り当てられた排出量に加えて、原則として電力会社間で排出量を相対取引することで排出権を確保することが許された。これらの仕組みに関して、当該制度は、現在世界で主流となっているキャップ＆トレード型の排出量取引制度のモデルとなったといえる。[35]

　次いで2002年には、英国でも排出量取引制度が導入された。英国の排出量取引制度は、キャップ＆トレード型を中心としつつ、ベースライン＆クレジット型も取り入れた制度であった。また、デンマークの制度とは異なり、対象とする温室効果ガスがCO_2のみ、あるいは6ガス（CO_2、メタン、一酸化二窒素、ハイドロフルオロカーボン〈HFC〉、パーフルオロカーボン〈PFC〉、六ふっ化硫黄〈SF_6〉）のいずれかを参加者自身が選択することができた。対象企業は、（原則として電力会社は除くものの）幅広いセクターに拡大された。活発な取引を促すため、排出量取引制度への参加が義務づけられた多排出産業の企業に加えて、英国で活動する企業・団体は任意に参加できる方式とされた。さらに、自主的に排出量取引に参加する者に対しては、制度参加のインセンティブとして削減量に応じた補助金が与えられた。また、温室効果ガス排出削減プロジェクトを実施し、削減量に相当する排出枠を所有する企業や、自らは温室効果ガスを排出しないが排出量の取引を仲介するブローカー・NGOなどの参加も認められていた。また、英国の排出量取引制度の特徴としては、2001年に先行して施行されたCCL（Climate Change Levy：気候変動税）、同時期に導入されたCCA（Climate Change Agreement：気候変動税協定）と連動した制度であったことが挙げられる。CCLは、企業活動に伴うエネルギー消費に対して課税する制度であるが、税負担が重くなるエネルギー多消費産業に対して減税を行う必要性から、多排出企業・業界団体は、政府とCCAを締結すればCCLの税率が20％に抑えられるように設計された。ただし、減

税が認められる代わりに、CCA締結者は、絶対量目標（Absolute Sector）あるいは原単位目標（Unit Sector）のいずれかの協定目標を達成することが求められる。この協定目標には、絶対量目標であれば「①CO2排出の絶対量」又は「②エネルギー消費の絶対量」、原単位目標であれば「③生産量当たりのCO2排出量」又は「④生産量当たりのエネルギー消費量」という4種類の選択肢が設けられた。CCA締結者は、前述の4種類の目標のいずれかを選択し、各企業の工場ごとに目標を設定する。CCA締結者が締結後の2年間で協定目標を達成できなかった場合、次の2年間はCCLの減税が適用されないという罰則規定が設けられた。こうしたCCA締結者の排出削減コストの低減や、排出削減に係るインセンティブの創出も意図として、英国における排出量取引制度は設立された。

　そして、2005年には、EU加盟の25カ国を対象とした欧州域内排出量取引制度（EU-ETS）が導入された。EU-ETSは域内の複数国間で排出権を取引する世界初の制度であり、EU-ETSの開始をきっかけとして、グローバルの排出量取引市場は大きく発展・拡大した（EU-ETSの詳細は2.1.2で述べる）。さらに、2008年にはスイスにおける排出量取引制度（2020年にEU-ETS連結）、2009年には米国北東部地域における温室効果ガス削減イニシアティブ（RGGI：Regional Greenhouse Gas Initiative）、2013年にはカリフォルニア州排出量取引制度、ケベック州排出量取引制度と相次いで排出量取引制度が開始された。なお、カナダでは、2019年から連邦レベルでも排出量取引制度（Output Performance Standard）が導入されている。このように各国・地域で排出量取引制度の導入が進められてきた。[36]

　前述のように、排出量取引制度は欧米を中心に議論・導入が進められてきたが、欧米以外の地域でも早期から制度の議論・導入がなされていた。2008年にニュージーランド排出量取引制度（NZ-ETS）が導入されただけでなく、アジアにおいても排出量取引制度環境が整備されてきた。日本国内では、2010年に東京都総量削減義務と排出量取引制度、2011年には埼玉県目標設定型排出量取引制度が開始された。2023年度からは、国内初と

図2-1 各国・地域における主な排出量取引制度の導入状況

出所）環境省「諸外国における排出量取引の実施・検討状況」(2016年6月)を基に野村総合研究所作成

なる全国レベルの本格的な排出量取引制度である、GXリーグにおける自主的な排出量取引（GX-ETS）も導入されている（国内における排出量取引制度の詳細は2.2節を参照）。中国では、2013年に中国排出量制度のパイロット版が始まり、2021年から全国を対象とした制度が導入されている。また、2013年にカザフスタン、2015年に韓国、2023年にインドネシアで排出量取引制度が導入されており、さらに、タイやベトナム、マレーシアなどでも導入に向けた検討が進められている。[36]

　世界銀行によると、2013年時点で排出量取引制度を導入していたのは15の国・地域であったが、2023年3月末時点においては36の国・地域と2倍超にまで拡大している。[24]さらに、25の国・地域において排出量取引制度の導入が予定されている、あるいは導入に向けた検討が行われている状況であり、今後、世界各地において排出量取引制度がさらに拡大すると見込まれている。

排出量取引価格の推移

　排出量取引における炭素価格は、全体として2010年代以降上昇傾向にあり、カーボンニュートラルへの投資を促進するうえでも、長期的には、現状以上に炭素価格が上昇していくことが想定される。各国の官民組織で構成する「Carbon Pricing Leadership Coalition (CPLC)」による2017年のハイレベル委員会の報告書では、パリ協定で合意した「2℃目標」を達成

するには、2020年までにCO₂換算で1トン当たり40～80ドル、2030年に同50～100ドルの炭素価格水準にする必要があると結論づけている。こうした長期的な価格上昇の見込みに加えて、短期的には、ガス価格の高騰や、その他のエネルギー供給の混乱により、一時的に化石燃料の使用が増えることで排出枠の需要が押し上げられたり、インフレの影響を受けたりすることで炭素価格が高騰したりするようなケースもみられる。[37]

EU-ETSでは、特に、近年の取引価格の上昇が顕著である。2013年に無償割当型から有償割当型に移行して以降、2017年ごろまでは排出枠1トン当たり5ユーロ（6ドル）前後で推移していた。しかし、2018年には、制度改革において運用の厳格化が決定したことなどを受け、取引価格は20～30ユーロ前後にまで上昇した。さらに、2020年末における2030年削減目標の55％への引き上げや、2021年7月のFit for 55（2030年までに温室効果ガス排出量を1990年比で55％以上削減するという目標を達成するための包括的政策パッケージ）の発表などを受け、2021年以降はさらなる上昇傾向となった。[38]そして、2023年には、EU-ETSの取引価格は一時1トン当たり100ユーロを超える水準に達した。[37]

EU-ETSを含む主要排出量取引制度における取引価格の推移を図2-2に示す。

各国・地域における排出量取引による政府収入も2010年代以降、増加傾向にある。2022年には、世界全体で排出量取引による政府収入は約660億ドルに達し、2013年の約19億ドル規模から30倍以上となっている。政府収入としても世界最大規模であるEU-ETSは、2022年には420億ドルを創出しており、2021年に比べると約78億ドル増加している。EU-ETSによる収入が長期的に増加している要因として、炭素価格の上昇や経済成長とともに、排出枠の多くを無償割当から有償オークションに移行してきたことも挙げられる。例えば、中国の国家排出量取引ではEU-ETSにおける排出量の倍以上をカバーしているが、無償割当が多いため、政府収入面のインパクトはEU-ETSに比べて小さい。このように、排出量取

図2-2　各国・地域における主な排出量取引制度の取引価格推移

USD/tCO$_2$e

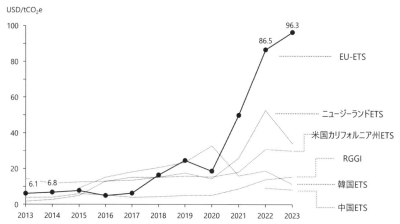

出所）World Bank"Carbon Pricing Dashboard"https://carbonpricingdashboard.worldbank.org/map_
data(2023年7月9日閲覧）を基に野村総合研究所作成

図2-3　排出量取引による各国・地域政府の収入の推移

Billion USD

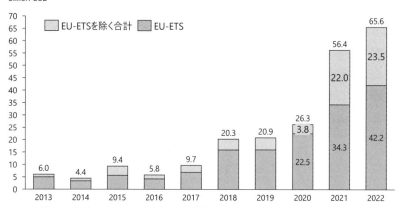

出所）World Bank"Carbon Pricing Dashboard"https://carbonpricingdashboard.worldbank.org/map_
data(2023年7月9日閲覧）を基に野村総合研究所作成

引によって得られる政府の収入は、制度設計上の特徴によっても左右される。

図2-3に、排出量取引による各国・地域政府の収入の推移を示す。

各国制度の概要

各国・地域の排出量取引制度は、カーボンニュートラルをめぐる情勢や、各国・地域の実情などに応じて、試行錯誤しながらフェーズを重ねてきている。ここでは、米国、中国、韓国の各国・地域における制度の概要について述べる。

米国では、全国レベルの排出量取引制度は導入されていないが、州レベルでは導入が進められてきた。2009年には、米国北東部7州により米国北東部州地域温室効果ガスイニシアチブ（RGGI）が開始され、2023年現在、第5遵守期間（2021 ～ 2023年）の運用が行われている。なお、参加州は、2023年時点で12州（コネチカット、デラウェア、メイン、メリーランド、マサチューセッツ、ニューハンプシャー、ニュージャージー、ニューヨーク、ペンシルベニア、ロードアイランド、バーモント、バージニア）に拡大している。[39]RGGIは、電力部門（設備容量2.5万kW以上の事業所）におけるCO2排出を対象としており、対象施設の排出に対してキャップを設定している。排出枠の割当方法は各州の裁量に委ねられているが、実態として、約9割がオークションによって有償で割当てられている。柔軟性措置として、RGGI参加州内外におけるオフセットプロジェクトによるカーボンクレジット活用が認められている。導入当初は、配分される排出枠が過剰であったためか、取引量も少なく取引価格も安価であった。しかし、2012年には、プログラムレビューを実施し、2014年以降の排出枠の総量を大幅に下方修正することが決定されたため、排出枠の過剰供給が是正され、取引量の増加、価格の上昇につながったとされている。[36][40]

カリフォルニア州では、2013年に排出量取引制度が開始されており、2023年現在、第4遵守期間（2021 ～ 2023年）の運用が行われている。本

制度は、2020年のカリフォルニア州における温室効果ガス排出量を1990年の水準に抑制することを目的として導入された。制度の対象となるのは、当初は「①年間CO_2換算の温室効果ガス排出量が2.5万トン以上の発電事業者(州内への電力輸入事業者を含む)」と「②大規模産業(製油所、セメント製造施設、石油ガス生産施設、ガラス製造施設、食品加工工場など)」であったが、2015年以降は「③燃料供給事業者(天然ガス、プロパン、輸送燃料)」にまで拡大された。対象事業者による排出量がカリフォルニア州の排出量の80％以上を占めており、排出量のカバー率が高いことも特徴として挙げられる。2014年1月からは、カナダのケベック州排出量取引制度とも連携し、排出枠のオークションなどを共同実施している。また、排出枠価格の高騰を緩和するために、「排出枠価格緩和リザーブ」を確保しており、このリザーブと無償割当に用いられる排出枠を取り置き、残りの排出枠をオークションで有償で割り当てている。従来は、排出枠の供給過剰による価格低迷が課題であったが、2021年以降は比較的高い水準で取引価格が推移している。[36][40]また、2023年1月からはワシントン州においても排出量取引制度が導入された。ワシントン州の制度は、カリフォルニア州の制度に似た形で設計されている。[37]

　世界最大の温室効果ガス排出国である中国においても、2030年ごろまでの排出量のピークアウトや国内総生産(GDP)当たりの排出量原単位削減などを目標として、2021年から全国排出量取引制度が運用されている。2013〜2014年にかけては、2省5市(深圳市、上海市、北京市、広東省、天津市、湖北省、重慶市)において排出量取引制度のパイロット事業を実施しており、全国規模の排出量取引制度を2017年から導入することを目指して準備が進められていた。しかし、国内調整などに時間を要し、実質的な開始は2021年となった。初期段階では発電部門において2013〜2018年の任意の1年間のCO_2排出量が2.6万トン以上の事業者が対象とされていたが、さらに鉄鋼や石油化学、セメントなどの他産業にも拡大適用を図っている。排出枠は、ベンチマーク方式による無償割当であり、当

該年の発電・熱供給の実績に基づき決定されるが、排出割当量の7割は事前に配分される。その後、実際の電力・熱供給量に応じて割当量を確定し、排出割当量の配分が調整される方式となっている。ただし、今後は、排出枠の有償割当も導入する方針が掲げられている。なお、負担軽措置として、排出割当量の不足が排出量の20％を超えた場合、無償割当量と排出量の20％の合計値を償却義務履行の上限とすることが定められている。[40][41]

　韓国では、2009年に定めた温室効果ガス削減目標である「2020年までにBAU（現状シナリオ）比30％削減」の達成を目的として、2015年に排出量取引制度を導入した。2016年には、排出量取引制度に関する法律を改正し、温室効果ガス削減目標を「2030年までにBAU（現状シナリオ）比37％削減」に引き上げている。2023年現在は、第3フェーズ（2021～2025年）に該当する。対象となるガスはCO_2のほか、CH_4、N_2O、HFCs、PFCs、SF_6を含む。対象事業者は、直近3年間の平均CO_2排出量が①12.5万t-CO_2e以上の事業者、②2.5万t-CO_2e以上の事業所をひとつ以上保有する事業者、③目標管理制度（温室効果ガス排出量が一定水準以上の事業者、事業所を管理事業者と指定し、削減目標を設定して達成状況を管理するための制度）の対象事業者のいずれかを満たす者のうち、任意で参加を表明した事業者である。第3フェーズにおける排出量のカバー率は、直接排出量基準で約74％の水準である。排出枠は、第1フェーズ（2015～2017年）において無償割当が100％とされていたが、第2フェーズは97％（特定の26業種以外は100％無償割当）、第3フェーズは90％（69業種中41業種が対象であり、残り28業種は100％無償割当を維持）と、徐々に無償割当の割合が減らされている。第3フェーズにおいて、発電、蒸気・冷温水・空気調節供給、航空、セメント、石油精製、下水廃水廃棄物処理などの12業種についてはベンチマーク方式、その他の業種はグランドファザリング方式により排出枠が設定されている。なお、償却不足の場合、1トン超過あたり平均市場価格の3倍の課徴金（10万ウォンを上限とする）の罰則が定められている（表2-1）。[40]

表2-1 各国・地域における排出量取引制度の概要

	米国北東部州地域 GHGイニシアチブ (RGGI)	米国カリフォルニア州 排出量取引制度	中国全国 排出量取引制度	韓国 排出量取引制度
制度開始	・ 2009年	・ 2013年	・ 2021年 (2017年より制度樹立を宣言)	・ 2015年
制度期間	・ 第1遵守期間 (2009-2011) ・ 第2遵守期間 (2012-2014) ・ 第3遵守期間 (2015-2017) ・ 第4遵守期間 (2018-2020) ・ 第5遵守期間 (2021-2023)	・ 第1遵守期間 (2013-2014) ・ 第2遵守期間 (2015-2017) ・ 第3遵守期間 (2018-2020) ・ 第4遵守期間 (2021-2023)	・ 2021年-	・ 第1フェーズ (2015-2017) ・ 第2フェーズ (2018-2020) ・ 第3フェーズ (2021-2025)
対象	・ 発電部門のCO_2排出 (設備容量2.5万kW以上の事業所) ・ カバー率:約18%	・ 発電・産業部門 (2013~)、燃料の供給事業者 (2015~) のうち、GHG年間排出量が2.5万tCO_2e以上の事業者 ※自主的参加も可能 ・ カバー率:80%	・ 発電部門における2013-2019の任意1年間のCO_2排出量が2.6万t以上の事業者 ・ カバー率:3割超	・ 直近3年間の平均CO_2排出量が以下要件に該当する事業者が (i) 12万5千tCO_2e以上の事業者、(ii) 2万5千tCO_2e以上の事業所をひとつ以上保有する事業者、目標管理制度の対象事業者のうち、任意参加した事業者 ・ カバー率:73.5%
単位	・ 設備	・ 事業者	・ 事業者	・ 事業者
割当方法	・ 各州の裁量 (実態として排出枠の約9割がオークションによって有償割当)	・ 無償割当 (一部業種)・オークション	・ ベンチマークによる無償割当	・ 12業種はベンチマーク、その他グランドファザリングによる割当 10%は有償割当

出所) 日本エネルギー経済研究所「海外の炭素税・排出量取引事例と我が国への示唆」(2021年4月22日)、環境省「第12回カーボンプライシングの活用に関する小委員会 資料1」(2021年2月1日)を基に野村総合研究所作成

2.1.2 欧州域内排出量取引制度：EU-ETS

本項では、世界最大の排出量取引制度であるEU-ETSについて紹介する。EU-ETSは、EUによって運営がなされ、導入後の歴史が長く、かつアップデートを続けてきた先進的な制度として、他国・地域における排出量取引制度設計においても参考とされてきている。

制度の変遷

EU-ETSは、キャップ&トレード型の排出量取引制度として2000年に制度設計され、2005年1月よりEU加盟の25カ国を対象に導入された。排出枠は、「EUA（European Union Allowance）」と呼ばれ、取引が行われている。EU-ETSは、EUのエネルギー気候変動政策枠組みの中で、約4割の排出量をカバーする主要政策の位置づけとなっている。化石燃料を燃焼させる施設や鉄鋼・セメントなどの多排出な生産施設が主な制度対象であり、約1万2,000施設が対象になっている。排出量取引制度に加えて、省エネルギー政策や再生可能エネルギー促進策などが重層的なポリシーミックスとして実施されており、加盟国別の独自の削減策も並行して実施されている[41]。

欧州委員会は2000年に、EU域内温室効果ガス排出量取引制度に関するグリーンペーパーを発表し、排出量取引制度の検討に向けて動き出した。2003年には、EU ETS Directive（EU-ETS指令）が採択され、2005年より本格的に排出量取引制度が導入された。

第1フェーズ（2005 〜 2007年）の2年間は、2012年までの京都議定書の第一約束期間における目標を達成するために、EU-ETSが効果的に機能することが期待される第2フェーズにおける本格稼働を実現するためのパイロットフェーズとして位置づけられた。参加国の各国事情にも配慮し、第1フェーズでは、各国が国別割当計画（NAP：National Allocation Plan）を策定することとし、EU全体でのキャップ設定はなく、各国の配分

計画を積み上げる形で排出枠が設定された。第1フェーズにおいては、発電施設や製造業における大型施設からのCO_2のみが対象とされた。大半の排出枠は、グランドファザリング方式によって無償で割り当てられ、超過する場合は1トン当たり40ユーロのペナルティが設けられた。第1フェーズにおいては、正確な排出量データが不足していたことから、排出枠は推計に基づいて設計された。その結果、排出枠の総発行量が実際の排出量を大幅に上回り、2007年には、排出枠の価格がゼロまで下落した。なお、フェーズ1の排出枠をフェーズ2にバンキングする（持ち越す）ことは認められていなかった。

　第2フェーズ（2008 ～ 2012年）からは、アイスランド、リヒテンシュタイン、ノルウェーの3カ国が加わり、2012年からは航空部門も制度の対象とされるなど、対象国や部門が拡大されてきた。航空事業者に割当てられる排出枠は、「EUAA（European Union Aviation Allowance）」と呼ばれる。航空部門は、交通部門の中でもCO_2排出原単位が大きく、削減に向けた対応が求められている一方で、域内外の排出量のカウントなどの課題があり、排出量取引に組み込むことが困難であることが指摘されていたなか、いち早く航空部門を対象としたことはEU-ETSの特徴のひとつとなっている。また、排出枠については制限が進められ、2005年に比べて6.5％削減された。そして、無償割当の割合も90％程度まで減少し、一部の加盟国ではベンチマークによる無償割当や、有償オークションの導入が進められた。不足時のペナルティも強化がなされ、ペナルティ金額は1トン超過当たり100ユーロにまで引き上げられた。しかし、第2フェーズでは、第1フェーズから得られた年間の排出量データに基づいて排出枠の上限引き下げが進められたが、2008年のリーマンショックによる経済危機により経済活動が落ち込んだため、当初の想定を大きく下回る排出量となった。その結果として、第2フェーズにおいても排出枠が大幅に余剰となり、排出枠価格は低迷し続けた。

　第3フェーズ（2013 ～ 2020年）では、排出量取引のフレームワーク改

革により、フェーズ1・2と比較してシステムが大幅に変更された。大きな変更点として、それまで各国が設定していた国別割当計画に替わり、EU全体の排出量に単一の上限を設けたことが挙げられる。さらに、排出枠の割り当てにおいても、第2フェーズまで主に用いていた無償割当を見直し、オークションによる有償割当をデフォルトとした。なお、例外的に一部の多排出産業などにおいては引き続き無償割当が行われることとなったが、そのための統一的なルールも設定された。EU各国は、オークション収入の50％以上を気候・エネルギー関連予算に充当することを求められ、2013 ～ 2020年の実績は約75％が当該用途に充てられている。対象ガスとしてはCO2に加え、特定の用途におけるN2OやPFCも追加された。また、2020年からは、スイスの排出量取引制度と相互接続され、互いの市場で排出枠を取引することが可能となった。[42]なお、2.2.1節で述べたとおり、それまで停滞していた排出枠の価格は2018年以降、上昇傾向に転じた。特に、EUが温室効果ガス削減目標を引き上げた2020年12月以降、取引価格は急激に上昇している。[40]

　2021年からは第4フェーズ（2021 ～ 2030年）となり、排出枠余剰の削減・抑制策を強化している。対象国は30カ国（EU27カ国とアイスランド、リヒテンシュタイン、ノルウェー。英国は2021年4月末の2020年遵守期間終了をもって脱退）に拡大しており、カバー率はEU排出量の45％となっている。排出枠の割り当てについて、産業施設の57％（発電部門は原則すべて）はオークションで有償割当としているが、カーボンリーケージ（炭素価格がより高い地域からより低い地域へと企業が転出し、炭素価格がより低い地域の排出量が増加すること）のリスクのある業種については、ベンチマーク方式で無償割当てを行っている。排出枠の年間削減率は、2030年までに温室効果ガス排出量を1990年比最低40％削減させるEU目標を達成するため、2021年のキャップを15.72億t-CO2eに設定し、年間削減率は、第3フェーズにおける1.74％から2.2％に引き上げられた。さらに、EUが2020年12月、2030年の温室効果ガス排出削減量の目標を

表2-2 EU-ETSフェーズごとの制度概要

	第1フェーズ (2005-2007)	第2フェーズ (2008-2012)	第3フェーズ (2013-2020)	第4フェーズ (2021-2030)
排出枠	・欧州委員会のルールに従い各国が国別割当計画 (NAP：National Allocation Plan) 策定	・欧州委員会のルールに従い各国がNAP策定	・欧州全体での上限を設定 ・2005年の排出量比▲21% ・2010年から毎年1.74%直線的に減少	・排出枠の年次逓減率上昇 (1.74%→2024-2027年は4.3%、2028-2030年は4.4%) ・排出枠の年次逓減、固定施設に加え新たに航空部門にも適用
割当方法	・グランドファザリングによる無償割当がほぼ100%	・グランドファザリングによる無償割当が中心 (一部の国でベンチマークやオークションを導入)	【発電部門】 ・原則オークション 【産業部門】 ・カーボンリーケージのリスクのある業種はベンチマークでの無償割当 それ以外の業種はベンチマークでの無償割当の比率を、2013年の80%から2020年に30%にまで減少させ、残りはオークション 【航空部門】 ・オークション15%、ベンチマーク無償割当82%、3%新規参入用	【無償枠の縮小・調整】 ・ベンチマークに基づく無償枠の100%割当を受ける業種のリストを見直し リスト対象外業種への無償枠の段階的廃止 【市場に流通する排出枠量の抑制】 ・脱石炭による発電所閉鎖の場合などに、加盟国判断でオークション枠をキャンセル可能 ・2023年以降、市場安定化リザーブにキャップ適用
対象	・ガス：CO_2 ・部門：発電、産業	・ガス：CO_2 ・部門：2012年より航空を追加	・ガス：CO_2、N_2O (化学)、PFC (アルミ) ・部門：アルミ、化学 (アンモニア) などを追加	・ガス：CO_2、N_2O (化学、海運)、PFC (アルミ)、メタン (海運) ・部門：海運を追加

出所) 環境省「諸外国における排出量取引の実施・検討状況」(2016年6月)、環境省「第12回カーボンプライシングの活用に関する小委員会 資料1」(2021年2月1日)、欧州連合「Infographic-Fit for 55-reform of the EU emissions trading system」(https://www.consilium.europa.eu/en/infographics/fit-for-55-eu-emissions-trading-system/)(2023年7月21日閲覧)を基に野村総合研究所作成

55％に引き上げたことに伴い、年間削減率も2024 ～ 2027年は4.3%、2028 ～ 2030年は4.4%と大幅に引き上げられた。また、2024年からは海上輸送も段階的に制度対象に加わることとされている。

前述したEU-ETSのフェーズごとの制度概要を表2-2に示す。

EU-ETSにおける排出量と排出枠割当量

第1フェーズと第2フェーズにおいては、排出実績が無償割当量を下回る年が多く排出枠の余剰が多く発生したことで、排出枠価格の低迷が続いた。そのため、第3フェーズでは、無償割当が廃止されオークションによる排出枠の有償割当が原則となった。カーボンリーケージのリスクがある業種に対してのみ一定量の無償割当も継続されたが、炭素国境調整措置の導入により、2026 ～ 2034年の間には、無償割当は撤廃することが予定されている。[38] こうした無償割当量と排出量の推移を図2-4に示す。

第1フェーズと第2フェーズにおいて、排出枠の超過割当により取引価格が低迷したことを受け、欧州委員会は数回にわたり制度改正を実施した。2014年から2016年にかけては、オークションの一部（9億t-CO2e）の供給を延期したことで、割当量が排出量を下回った。また、2015年7月には、市場安定化リザーブ（Market Srability Reserve：MSR）の導入を決定し、2019年から運用が開始されている。MSRは、EUAの需給がひっ迫した際に需給調整を実施することで取引量、価格を安定させるための制度である。具体的には、市場に流通する余剰EUAが8.33億t-CO2eを超えると供給過剰であるとし、余剰排出枠の12%（2023年末までは暫定的に24%）をオークション向け排出枠から差し引いてMSRに組入れる。他方、余剰排出枠が4億t-CO2eを下回る、あるいは排出枠価格が急騰すると、MSRから1億t-CO2eの排出枠を放出し、オークション量に追加することで需給を調整する。[41] こうした制度改革やEU全体としての削減目標の引き上げ発表により、図2-2に示したとおり、排出枠の取引価格は2018年以降は上昇傾向にある。

図2-4　EU-ETSにおける無償割当量と排出量の推移

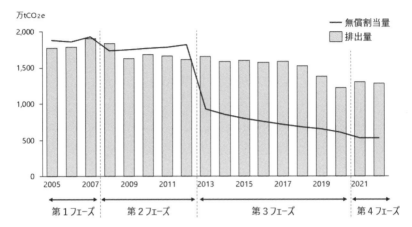

出所) European Environment Agency"EU Emissions Trading System (ETS) data viewer"https://www.eea.
europa.eu/data-and-maps/dashboards/emissions-trading-viewer-1(2023年7月15日閲覧)を基に野村総合研
究所作成

Fit for 55による第4フェーズへの影響

　欧州委員会は、2021年7月に、温室効果ガス排出量の2030年までの削
減目標を「少なくとも40％」から55％への引き上げを含め、2050年まで
にEUのカーボンニュートラルを達成するための一連の立法案として「Fit
for 55」を提案した。そして、2022年12月には、EU理事会と欧州議会にお
ける合意に達し、2023年4月にEU理事会においてFit for 55のパッケー
ジが採択された。EU-ETSの第4フェーズの制度設計は、2017年には取り
まとめられ、2021年には運用が開始されていたが、Fit for 55の採択により
改めて制度設計の見直しが図られることとなった。

　Fit for 55のパッケージには、以下の5点の法令が含まれる。[43][44]

EU-ETS指令の改正

- EU-ETSの対象部門における2030年の削減目標を、2005年比43％削
減から62％削減に引き上げる。

- 割当総量を線形で毎年4.3%（2024〜2027年）、4.4%（2028〜2030年）ずつ削減する（当初は線形で2.2%ずつ削減としていた水準を引き上げた）。
- 対象部門を、段階的に海運部門に拡大する。さらに、道路輸送・建築物部門を対象とした新たな排出量取引制度を設立する。

MRV海運輸送規則の改正

- EU-ETSにおいて海運部門も追加し、海運事業者は排出枠を購入する。
- 欧州経済領域（EEA）域内で航海・停泊する5,000総トン以上の船舶からのCO_2排出量を対象とする。
- 船舶が利用する燃料のエネルギー1単位当たりの温室効果ガス発生量の上限を設定する。

ETS航空指令の改訂

- EEA域内を運行する航空部門の無償割当を段階的に削減し、2026年からは完全に有償オークションに移行する。
- EU域内を拠点とする航空会社について、EEA域内外の国を発着するフライトを対象に国際民間航空のためのカーボン・オフセットと削減スキーム（CORSIA）に基づく対策を求める。

社会気候基金を設立する規制

- 道路輸送・建築物部門を対象とする新たな排出量取引制度の収益を原資とし、価格転嫁などの影響を受ける脆弱な市民や零細企業層への加盟国政府による支援へ活用する「社会気候基金」を設立する。

炭素国境調整メカニズム(CBAM：Carbon Border Adjustment Mechanism)を確立する規制

- 炭素リーケージのリスクを防ぐため、特定物品をEU域内に輸入する際

には、製造国とEU-ETSにおける炭素価格の差額を徴収する、あるいはEU域外に輸出する際には、その差額相当を補助することで、EU域内外の炭素価格の差額を補てんする。

- 対象部門としてセメント、電気、肥料、鉄鋼、アルミニウムを定める。

炭素国境調整メカニズム（CBAM）の動向

2023年5月17日にCBAM規則が発効され、運用が進められている。CBAMは、国際競争への配慮と炭素リーケージを回避する措置として、従前認められていた無償割当に替わる措置であり、EU-ETSにおける無償割当は2026年から段階的に削減し、2034年には、完全に終了することが決められた。CBAMは、生産の域外移転又は排出規制の緩い地域からの製品の輸入の増加を通じて、EUの排出削減努力がEU外における排出量増加によって相殺されてしまう事態を回避することを目的としており、原則としてすべてのEU域外諸国を対象に、EUよりも炭素価格が安い製品とのコスト差を埋める実質的な炭素関税として機能する見込みである。CBAMのイメージを図2-5に示す。

制度の対象となるセメント、電気、肥料、鉄鋼、アルミニウムをEU域内に輸入する事業者は、製品の輸入に先立ち、認定CBAM申告者（au-

図2-5　国境炭素調整（CBAM）のイメージ

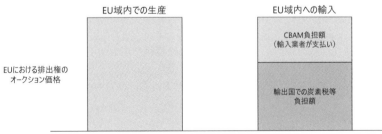

※EU域内企業が無償割当を得ている業種においては、当該無償割当も考慮しCBAM負担額が決定
出所）環境省「第21回 カーボンプライシングの活用に関する小委員会 参考資料4」(2023年11月7日) を基に野村総合研究所作成

thorized CBAM declarant）であることを申請し、許可を得る必要がある。認定CBAM申告者のみがCBAM対象製品を輸入することを認められる。CBAM対象製品の輸入者は、「輸入品に含まれる排出量」に応じて、CBAM証書を購入・償却しなければならない。ただし、輸出国で支払われた炭素価格に応じて、証書の償却量の削減を請求することも可能である。

　各輸入品に含まれる排出量は、原則として「直接排出量÷生産量」で算出される。排出量を十分に検証できない場合は、輸出国における品目ごとの平均的な排出係数に基づいて設定されるデフォルト値を参照して排出量を算定する。なお、原産地国のデータが得られない場合は、EU内におけるパフォーマンス下位10％の事業所の平均排出原単位、電力についてはEU内の化石燃料発電の加重平均値を活用することとされている。

　2023年からの移行期間を経て、2026年から本格適用が予定されている。移行期間においては、価格調整のメカニズムは適用されず、申告者（輸入者）は、輸入品に含まれる排出量などの情報をまとめた報告書を当局に提出することのみが求められている。また、証書の価格は、EU-ETS排出枠価格と連動し、毎週のオークションの終値の平均価格に基づき決定される。なお、CBAM証書の販売収入の大半はEU予算に充当される。

　罰則としては、前年の輸入品に含まれる排出量に相当するCBAM証書を償却しなかった場合、又は認定CBAM申告者以外の者がCBAM対象製品を輸入した場合において、償却すべきであった各証書について、EU-ETSの超過排出量と同一の額を乗じたペナルティを支払うことが定められている。なお、CBAM適用除外を目的とした迂回行為への対応として、欧州委員会は、CBAMが適用される物品の範囲を拡大する権限を有している。[38]

EU-ETS II

　欧州委員会は、Fit for 55によるEU-ETS指令の改正において、ガソリン車などの道路輸送と化石燃料を用いた暖房を利用する建物分野などを

対象とする新たなETS（EU-ETS Ⅱ）の創設を提案した。現在、EU-ETS
は、発電部門や製造業の大規模排出施設などを対象としてEU域内の排出
の約4割をカバーするにとどまっており、建物や道路交通・農業・廃棄物
といった小規模排出源については、努力分担規則（ESR：Effort Sharing
Regulation）の枠組みを設け、EU各国による削減努力の対象としている。
新たな制度では、こうしたESRの対象業種にもEU-ETSの制度を適用し、
より効果的な排出削減につなげることが意図されている。新たに制度対象
とする排出源は、主に車両用・暖房利用向けの燃料消費であるが、車両・
建築物のオーナーは、中小事業者なども含めて非常に数が多く、MRVに
多大なコストを要することなどから、EU-ETS Ⅱは、排出量に関する金銭
的負担を上流側の燃料供給事業者に求めている点においても、既存の直接
排出を対象としたこれまでのEU-ETSと異なっている。当初は2025年に
モニタリング、2026年に遵守義務を開始する計画であったが、エネルギ
ー価格の高騰による家計への影響を踏まえ、設置時期を2027年に後ろ倒
し、さらにエネルギー価格高騰の影響が続く場合には、2028年とするこ
とも見込んでいる。

　EU-ETS Ⅱでは、2030年に2005年比43％減の削減目標を掲げてお
り、排出枠の無償割当はなく、既存のEU-ETSとは別枠の有償オークシ
ョンにより排出枠が配分される。[38] なお、前述のような道路輸送や建物への
EU-ETS対象の拡大は、一般消費者へのコスト転嫁に直結し、消費者に
与える影響が大きくなることが想定されることから、少なくとも2030年
までは1トン当たりの価格に45ユーロの上限を設けることを申し合わせ
ている。また、Fit for 55 において創設されることとなった「社会気候基金」
は、EU ETS Ⅱの収入を原資とするとともに、加盟国から25％の協調融資
が行われ、脆弱な世帯や零細企業の支援に充てられる。

2.2 排出量取引の国内動向

　1.1節でも述べたとおり、日本国内における排出量取引の検討は、2000年には環境省による「排出量取引に係る制度設計検討会」において議論が始められ、2002年には環境省による「排出量取引・京都メカニズムに係る国内制度検討会」が開催された。この検討を受けて2003年には「温室効果ガス排出量取引試行事業」が開始され、翌年にかけて仮想的な取引が行われた。2005年には、後述のJapan's Voluntary Emissions Trading Scheme（自主参加型国内排出量取引制度。以下、「JVETS」）という企業の自主的な参加に基づく排出量取引制度の運用が開始される（2013年に終了）など、2000年代から2010年代初めにかけて、排出量取引に関する議論・試行事業が進められてきた。しかし、このタイミングでは、産業界からの強い反対などもあり、試行に続く本格的な制度の導入には至らなかった。また、2015年12月にCOP21においてパリ協定が採択され、カーボンニュートラルが世界的長期目標と位置づけられたあとにも、環境省を中心に排出量取引制度を含めたカーボンプライシングに関する議論が再開されたものの、具体的な政策制度の策定にまでは及ばなかった。しかし、その後の国際的なカーボンニュートラルに向けた動きを受けて、2020年10月には、菅首相（当時）より「2050年カーボンニュートラル、脱炭素社会の実現を目指す」ことが宣言され、これを受けた関係省庁における検討が再び活発化された。そして、2021年8月に経済産業省による「世界全体でのカーボンニュートラル実現のための経済的手法のあり方に関する研究会」の中間整理において、企業が自主的に排出削減目標を設定し、国が実績を確認する「カーボンニュートラル・トップリーグ（仮称)」の創設に向けた議論を進め、2022年度から実証開始を目指すことが示され、2023年度より開始されたGX-ETSへと発展していった。[20]

　このように、日本全国における排出量取引制度は、GX-ETSの導入に至るまでに、試行的な取り組みが行われてきた。また、これに加えて、地方

自治体（東京都・埼玉県）における独自の排出量取引制度の導入も行われた。そこで、本節では、日本全国の地方自治体において導入された国内の排出量取引制度を、導入された時系列順に解説していきたい。具体的には、2005年開始の環境省による自主参加型国内排出量取引制度（JVETS）、2010年開始の東京都による大規模事業所への温室効果ガス排出総量削減義務と排出量取引制度、2011年開始の埼玉県による目標設定型排出量取引制度、最後に2023年度より開始されるGXリーグにおける自主的な排出量取引制度（GX-ETS）について述べる。

　本節で取り上げる各制度の概要を次頁の表2-3に示す。以下では、各取り組みに関して制度概要を述べるとともに、既に排出量取引が行われている制度については、炭素の取引価格や流通量などについても示していく。

2.2.1 日本における排出量取引制度の全体像

環境省による「自主参加型国内排出量取引制度（JVETS）」

　EU-ETSが導入されたのと同時期に、日本における排出量取引に関する知見・経験の蓄積と、事業者の自主的な削減努力の支援を目的として、環境省が、2005年から開始をした制度が自主参加型国内排出量取引制度（JVETS）である。本制度は、その制度趣旨から、参加は義務的なものではなく、自ら定めた削減目標を達成しようとする企業が自主的に参加するものであった。また、参加形態によっては、脱炭素に資する設備投資に対する補助金が支給された。さらに、知見・経験の蓄積の観点から日本国内で初めて有価による排出枠の取引・移転を行うための、電子システム（取引マッチングサービス、排出量管理システム、登録簿システム）や排出量のモニタリング・報告・第三者検証に関するガイドラインなどが整備された。本制度で得られたノウハウ・知見は、後述のGX-ETSにおいても活かされることになる。[45]

　JVETSは、2005年度を第1期として、2011年の第7期まで実施された。

表2-3 国内における各排出量取引制度の比較

	JVETS	東京都	埼玉	GX-ETS
義務/自主	自主的制度	義務的制度	義務的制度	自主的制度
制度運営者	環境省	東京都	埼玉県	経済産業省 GXリーグ事務局
地理的範囲	日本国内	東京都内	埼玉県内	日本国内
組織単位	事業所単位	事業所単位	事業所単位	企業単位（子会社なども含む）
対象ガス	二酸化炭素（CO_2）	燃料、熱、電気の使用に伴って排出される二酸化炭素（エネルギー起源CO_2）	燃料、熱、電気の使用に伴って排出される二酸化炭素（エネルギー起源CO_2）	二酸化炭素（CO_2）、メタン（CH_4）、一酸化二窒素（N_2O）、代替フロンなどガス（HFC, PFC, SF_6, NF_3）
参加業界	主に製造業	主業用ビル保有者	主に製造拠点を持つ事業者	多排出産業を中心に全業界
参加者	自主的に応募した制度参加企業（のべ389社）	主に前年度の燃料、熱、電気の使用量が原油換算で年間1,500 kL 以上の事業所（約1,300事業所）	原油換算で1,500 kL 以上のエネルギーを3カ年度連続して使用する大規模な事業所（約600事業所）	GXリーグ参画企業（600社弱）
対象期間	・第1～7期 (2005~2013年度) ※現在は終了	・第1計画期間 (2010~2014年度) ・第2計画期間 (2015~2019年度) ・第3計画期間 (2020~2024年度) ・第4計画期間 (2025~2029年度)	・第1削減計画期間 (2011~2014年度) ・第2削減計画期間 (2015~2019年度) ・第3削減計画期間 (2020~2024年度)	・第1フェーズ (2023~2025年度) ・第2フェーズ (2026~2030年度) ・第3フェーズ (2031年度~)
バンキング	可能	可能（ただし、繰越期間制限あり）	可能（ただし、繰越期間制限あり）	未定

取引量	取引価格	取引方法	目標不順守時の罰則
約42万トン（7期累計）	・第1期平均：1,212円/t-CO$_2$ ・第7期平均：216円/t-CO$_2$	ウェブ仲介システムを用いた2者間取引	あり（補助金受給企業の場合返還が必要）
約501万トン（2011～2020年度）	・200～1,000円/t-CO$_2$ ・（都が公表する参考値）	相対取引	あり
約39.6万トン（第2削減期間）	・144円/t-CO$_2$ （第2削減期間の申告価格）	相対取引	なし
未定	未定	東京証券取引所のカーボン・クレジット市場での取引が示される見込み	未定

出所）公開情報を基に野村総合研究所作成

第7期参加事業者の3年目に当たる2013年度分の排出量報告をもって本制度は終了している。第7期までの参加企業は389社を数え、累計削減実績は221.7万t-CO$_2$に上った。参加企業の内訳は、全389社のうち製造業が285社、卸売・小売業が22社、飲食店・宿泊業が20社、サービス業が16社、不動産業が10社、その他36社と、大半が製造業からの参加であった。[46]参加は工場・事業所単位で行われ、報告・取引の対象となる温室ガスはCO$_2$で、その他の温室効果ガスは対象外とされた。製造業の参加者が多かったことから、排出削減対策としては、都市ガス・液化天然ガス（LNG）などの排出係数が低い燃料種への燃料転換、電動ヒートポンプの導入、高効率なコージェネレーション（熱電併給）設備導入などの取り組みが多くみられた。[47]

　排出量の取引に関するルールとしては、まず、企業が基準年度の排出量に加え、JVETSに参画する3カ年における削減目標を提示する必要があった。参加企業は、基準年度排出量の第三者検証を経たあと、制度

75

事務局から初期割当量（Japan Allowance。以下、「JPA」）を交付され、この JPA と毎年度の排出実績の差分に応じて排出枠の売買を行うことになる。JPA は、「基準年排出量（過去3年間の平均）－削減予測量」によって算出される[45]ため、各企業が保持できる JPA は、基準年度排出量の大小や、各企業がどの程度野心的な目標を掲げたかによっても左右される。毎年の削減努力の結果、排出実績が JPA を下回った企業はその差分を余剰排出枠として売却することができ、逆に排出実績が JPA を上回ってしまった企業は、他社から余剰排出枠を調達することで目標達成を行うことになる。また、JPA のほかに、京都議定書に基づき行われるクリーン開発メカニズム（CDM）により発行される CER（Certified Emission Reduction）又は共同実施（JI）により発行される ERU（Emission Reduction Unit）を基に発行される「jCER」と試行排出量取引スキームの排出枠の2つの外部クレジットの利用も認められた[48]。

　取引方法については、参加事業者間で直接売買を行う相対取引の形態が取られ、参加者の円滑な排出枠取引を支援するため、取引仲介・マッチング機能を持った電子取引システムが導入された。相対取引は、取引者間で価格や数量などを自由に設定できることが長所に挙げられる一方で、株式などの取引で一般的である取引所取引と比較すると、相手方が破綻した際に損失を被ることになるため、相手方の信用リスクを背負うことや、取引の流動性が高まらず価格の透明性に欠けるといった短所も指摘されている[49]。

　図2-6に JVETS において実際に取引された排出枠の量・価格の推移を示す。自主参加型国内排出量取引制度評価委員会が発表した統括報告書[46]によると、第1～7期では合計233件、419,243t-CO2 の取引が行われた。取引価格は、第1期においては平均1,212円/t-CO2 で取引が行われ、第2期も概ね同じ水準が維持された。しかし、第3～6期においては平均600～800円/t-CO2 で推移し、第7期では216円/t-CO2 と最低価格を付けて全期間を終了した。なお、これらの価格は取引参加者への任意のヒアリ

図2-6　自主参加型国内排出量取引制度(JVETS)の取引量と価格の推移

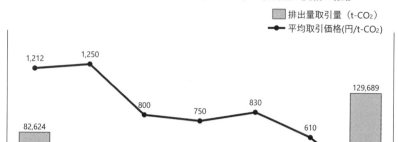

出所)自主参加型国内排出量取引制度評価委員会「自主参加型国内排出量取引制度(JVETS)総括報告書」(平成26年3月)を基に野村総合研究所作成

ングに基づくものである。

　取引量については、第7期で特に取引量が増えているが、これは第1〜6期における各期の事業者合計の排出量において、当初、各社が約束していた排出量削減量の合計値を大きく超過もしくは概ね達成していたのに対して、第7期は事業者合計で基準年度対比15%の削減を掲げていたものの、実績が9%にとどまったことから、排出枠の購入需要が発生したためと考えられる。取引単価が下降傾向にあるのは、第1〜6期において排出削減を自ら達成した企業が多かったことに加え、バンキング(排出枠の翌期への持越し)が可能であったためと推察される。特に第7期では、取引対象として第7期の初期割当量に加え、第1〜6期よりバンキングされた排出枠も含まれたことから、216円/t-CO2の着地へのつながったものと考えられる。

東京都による「大規模事業所への温室効果ガス排出総量削減義務と排出量取引制度」

　東京都は、国に先駆けて粒子状物質（PM）排出に基準を設けたディーゼル車走行規制を導入したり[51]、新築住宅などへの太陽光発電設備の設置や、断熱・省エネルギー性能の確保などを義務化する「環境確保条例」改正案を2025年に施行予定であったりするなど[52]、環境政策において先進的な自治体であることで知られている。温室効果ガス削減の取り組みについても例外ではなく、2000年代に導入した「地球温暖化対策計画書制度」により、事業者に対する指導・助言、削減状況の評価・公表といった取り組みを行ってきた。そして、さらなる気候変動対策の強化を目的として2008年6月の環境確保条例改正を経て、2010年に「大規模事業所への温室効果ガス排出総量削減義務と排出量取引制度」を導入した[53]。本制度においては、排出量取引はあくまで補完の位置づけであり、まずは実削減が優先であるとされており、その考え方を明示するため、制度の名称も削減義務と排出量取引を併記する形が取られた[54]。本制度は、前述のJVETSとは異なり、東京都の条例に基づいたものであり、対象となる事業者には参加が義務づけられている。

　本制度は、事業所単位の排出を対象とした制度であり、年間のエネルギー使用量（原油換算）が1,500kL以上の事業所が対象となる。この基準に該当する事業所は、都内で約1,300カ所存在する。都内におけるCO2排出量は約7割が建築物から生じているといわれており、本制度の対象事業所も、工場などの製造拠点よりもオフィスビルなどの業務用途が多くなっている。制度が開始された2010年度から2014年度までの5カ年が第1計画期間とされ、その後、第2計画期間（2015〜2019年度）を経て、2023年度現在は第3計画期間（2020〜2024年度）の最中である。制度は、各期間を経て一部改訂もされてきており、第4計画期間（2025〜2029年度）の制度内容は設定する削減義務率などを有識者検討会にて検討中である[55]。なお、総量削減義務として対象となる温室効果ガスは、燃料、熱、電

78

気の使用に伴って排出される二酸化炭素 (エネルギー起源CO2) であるため、工業の化学反応や廃棄物の焼却などで発生する二酸化炭素 (エネルギー起源ではないCO2) や、それ以外の温室効果ガスは対象外である (ただし、すべての温室効果ガスについて把握・報告は必要)[56]。

　次に、排出量取引に関する主なルールをみていきたい。まず、事業者は、2002 ～ 2007年度までのいずれかの連続する3カ年度の平均値で基準年度排出量を算定する必要がある。この期間の範囲において、どの連続する3カ年度を選択するかは事業者が選択できるが、算定した排出量は第三者による検証を受けなければならない。2002 ～ 2007年度に事業所が存在しない場合は、別途設定方法が指定されている。また、各計画期間における削減ペースは、基準年度の排出量に対する削減率として東京都が指定をする。具体的には、第1計画期間は事業所の区分によるが6 ～ 8％の削減率、第2計画期間は15 ～ 17％の削減率が削減義務率 (基準排出量比) として指定されている。事業者は各計画期間の5年平均で、この削減率を達成する必要があるため、各期間において事業者が持つ排出枠は、基準排出量に削減義務率分を除いた量の5年分 (基準排出量が10,000トンで削減義務率が17％の場合、8,300トン / 年×5年間＝41,500トン) になり、この排出枠が排出量取引のベースになる。

　基準年度排出量の設定が必要になる点はJVETSと同様であるが、排出枠を生み出す基準となる削減ペースの設定方法の点ではJVETSとは異なる。JVETSでは、各企業が目標として掲げる排出削減ペースが考慮されたのに対し、東京都の場合、都が事業所の区分ごとに一律の削減義務率を課している。東京都の当時の削減目標である2020年までに2000年比25％減という上位目標に整合するように、業務産業部門17％などの削減率が求められている。このように、JVETSと東京都の排出量取引の違いをみるだけでも、一言に排出量取引制度といっても制度運営者 (多くの場合、国や自治体) の狙い・目的によって、排出枠設定の考え方がさまざまであることがわかる。

図2-7　東京都排出量取引制度の取引量と価格の推移

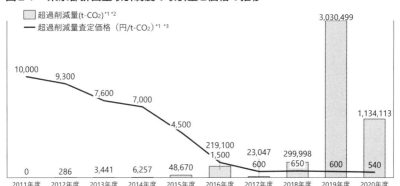

*1　東京都が認める、その他のクレジットの取引量・取引価格を除く
*2　取引量は、東京都が公表する、毎年度の一般管理口座間の移転ベースの数量を記載
*3　制度開始時点で2023年価格は、東京都が公表する査定価格ベースであり、実際取引における価格は売買当事者の交渉によって決まることから、取引形態、取引ロットの大小によって、ここで示す水産地と大きく乖離する可能性がある
出所) 東京都環境局「排出量取引実績及び排出量取引に関する事業者の意向等」(2020年12月)、みずほリサーチ＆テクノロジーズ「総量削減義務と排出量取引制度取引」(2022年12月)を基に野村総合研究所作成

　図2-7に、東京都排出量取引制度において実際に取引された排出枠の量と査定価格を示す。本制度における取引形態は相対取引であり、取引価格は取引する当事者同士の交渉・合意により決定されるため、実際の取引価格については公表されていない。そこで、東京都が公表している査定価格を参考として示した（査定価格とは、標準的な取引が実施された場合に想定される約定価格の推算値であり、実際の取引価格を反映したものではない）。

　取引量については、特に第1計画期間である2010～2014年度においては3万トン前後で推移をしており、非常に限定的な取引量であった。これは、多くの事業所が自力で目標を達成したためである。全体の9割以上の事業所が自らの対策によって削減義務を履行したとされている。また、残りの1割の事業所のうち、約55％が同一法人・グループ内での無償取引によって義務を履行したため、有償の排出量取引で義務を履行した事業所は、全体の4％に満たなかった。[57]査定価格については、当初想定であった1万円から下落傾向が続いており、これは多くの事業所で削減が進んだ結果が

査定価格に反映されたためと考えられる。第2計画期間においては、最終
年度である2019年度に300万トンを超える取引が発生したが、これは当
該期間における基準排出量対比の削減義務率が、事業者区分によるが15
～ 17％に引き上げられた（第1計画期間は6 ～ 8％）ためと考えられる。

埼玉県による「目標設定型排出量取引制度」

　埼玉県では、2009年に「ストップ温暖化・埼玉ナビゲーション2050（埼
玉県地球温暖化対策実行計画）」が策定され、その中の重点施策として目
標設定型排出量取引制度が導入された。[58]本制度は、ほぼ同時期に導入され
た東京都の制度と基本ルールが同様になるよう設計されており、排出量の
算定ルールや第三者検証を求めていること、対象事業者を年間のエネルギ
ー使用量（原油換算）が1,500kL以上の事業所としていること、3カ年平均
の基準年度を設定して制度が指定する削減率を基準年度に乗ずる形で排出
枠が決められることなどが共通点である。[59]また、東京都・埼玉県で排出枠
の相互連携が認められるなど制度間の連携もみられる。[60]

　一方で、埼玉県の制度が東京都の排出量取引制度とは異なる点として、
主に次の2点が挙げられる。まず、1点目として、制度の対象となる事業所
について、東京都では業務ビルなどの事業所が主であるのに対し、埼玉県
では製造拠点を有する事業所が過半数を占めている。埼玉県の排出量取引
制度では、第2削減計画期間における630の対象事象所のうち、約70％
に当たる445事業所が工場などを有する事業所である。これらの事業所
は、電力使用が大半である業務ビルなどとは異なり、生産活動に伴う直接
排出と間接排出の両方があり、排出量ベースでは全体の基準排出量5,241
万トンのうち工場などが約84％とより高い比率を占めている。次いで、2
点目として、埼玉県の排出量取引制度は、東京都と異なり目標未達時の罰
則が存在しないことから、事実上の自主的な制度となっている。この点は、
経済の拠点としての地位を確立している東京都と異なり、埼玉県では罰則
のある制度を導入することで拠点の流出を招かないよう配慮したためであ

るともされている。[61] ただし、達成状況は、事業所ごとに公表されることになっており、目標達成への一定のインセンティブは働く仕組みとなっている。

　次に、目標の達成状況と取引量についてみていきたい。既に結果が公表されている最直近の期間である第2削減計画期間における状況を表2-4に整理した。これより、630事業所のうち618事業所が目標達成をしており、目標達成率は98％と非常に高いことがわかる。これらのうち大半の事業所は、自らの排出削減により目標達成をしているものの、業務ビルなどの26事業所、工場などの65事業所を合わせた合計91事業所については、自らの排出削減のみでは不十分であったため、他事業所との排出量取引を実施した。ただし、取引量でみると合計39.6万トンで、これは基準排出量の5,241万トンの1％にも満たない水準であった。第3削減計画期間においては、基準年対比で第1区分（オフィスビル、商業施設、教育施設、病院など。ただし、事業所外から供給された熱が使用エネルギーの2割以上である事業所は第2区分扱いとなる）については22％、第2区分（工場、廃棄物施設、上下水道など）については20％と、それぞれ第2削減計画期間対比で7％の追加削減が求められる。[62] そのため、今後の事業所の目標達成状況次第で、排出枠の売買ニーズが拡大することが想定される。

JVETS、東京都、埼玉県の制度振り返り

　ここまで紹介したJVETS、東京都、埼玉の制度導入後の状況について、得られた効果と課題を簡単に振り返りたい。まず、制度効果という観点からは、JVETS、東京都、埼玉県のいずれの制度においても、期間中に大半の対象事業者が排出削減を実現したことから、各制度は排出削減に一定の効果を持つといえる可能性がある。特に、東京都では制度による削減効果が相当程度あるという評価もなされている。[63]

　一方、いくつかの課題もみえてきている。ここでは3点紹介をしたい。まず、1点目として挙げられるのは、排出量取引制度単体による排出削減

表2-4 埼玉県排出量取引制度の第2削減計画期間における目標達成状況

		業務ビルなど	工場など	合計
達成状況（事業所数）	事業所数	185事業所	445事業所	630事業所
	目標達成事業所数（達成率）	181事業所（98%）	437事業所（98%）	618事業所（98%）
	自らの第2計画削減計画期間の削減もしくは第1削減計画期間の削減量持越しにより目標達成	155事業所	372事業所	527事業所
	排出量取引により目標達成	26事業所	65事業所	91事業所
全体削減率（達成状況）	基準排出量	823万トン-CO_2	4,419万トン-CO_2	5,241万トン-CO_2
	目標削減率	15%	13%	-
	実績削減率	28%	29%	29%

自らの削減では目標を達成できなかった事業所のうち、91事業所は他事業所との排出量取引により目標を達成（取引量合計は39.6万トン）

出所）埼玉県「報道発表資料 目標設定型排出量取引制度 第2削減計画期間の成果～98%の事業所が温室効果ガスの削減目標を達成～」（令和4年9月20日）を基に野村総合研究所作成

効果を計測することが難しい点である。企業の排出活動・量は、排出量取引制度に加えて、経済状況やその他法規制など、さまざまな要素から影響を受けることになる。実際に、東京都制度においては、第1・第2計画期間のこれまでの削減実績は、キャップの設定などによる効果以上に、リーマンショックや東日本大震災の発生などによる経済状況の悪化に伴う企業活動の縮小や、コスト削減などを目的とする企業の設備更新による効果が大きいのではないかという趣旨の意見も提出されている。[64] 次いで、2点目として、1点目とも関連するが、排出枠の取引が限定的であった点が挙げられる。これは、多くの参加事業所が自らの排出削減によって目標を達成したために、排出枠の売買ニーズが限定的であったことに加えて、排出枠の売買が相対取引のみに限られており、取引の利便性が低かったことなどが原因として考えられる。そして、3点目として、制度が対象とする事業者の排出量ベースでのカバー率の観点から、日本全体の排出量削減への寄与は限定的であったことが挙げられる。これは、そもそも各制度が実証を目的としていたり、特定の地域のみを対象にしていたりすることに起因しているといえるが、各制度における対象事業者の排出量（及びその削減量）は、日本の年間総排出量約11億2,200万トン（2021年度）[65] に対しては、限定的であった。

GXリーグにおける自主的な排出量取引（GX-ETS）

　GX-ETSは、日本初となる全国レベルの本格的な排出量取引制度である。GX-ETSの手法は、既存の温対法・SHK制度や、過去のETS関連制度をベースとして確立しているが、その根幹をなすコンセプトは「プレッジ＆レビュー」と呼ばれるものである。これは、世界的な環境・脱炭素施策において主流となってきている、金融市場を中心としたステークホルダーからの評価による規律づけを主眼に置く仕組みである。排出量の取引に関しては、従来の国内類似制度のように相対取引に依存するのではなく、取引所取引が行われることが想定されており、これにより今後、日本にお

ける炭素価格がより可視化されることも期待される。GX-ETSは、今後、段階的に発展していくことが計画されており、制度参加率の向上施策や発電事業者に対する有償オークションなどの導入も予定されている。そのため、日本国内の多くの企業にとって、このGX-ETSを通した排出枠の取引が無関係でなくなる可能性がある。第1フェーズは、既に600社弱が参加する形で取り組みがスタートしており、次項では、このGX-ETSの第1フェーズにおけるルールについて詳しく解説をしていきたい。

2.2.2 GX-ETS 第1フェーズのルール詳細

排出量取引制度と一括りで捉えようにも、そのルールは制度設計者の意向・目的によりさまざまであることは、過去導入された制度をみても明らかである。今後、GX-ETSに参加する企業は、制度・ルールを適切に理解したうえで、自社の目標設定や排出削減活動などを検討・実施することが重要である。ここでは、GX-ETS第1フェーズ（2023 〜 2025年度排出量が対象）のルールについて解説をしていきたい。[66]

ルール策定の道のり

GX-ETSは、自主的な枠組みであるGXリーグに参画する企業による取り組みと位置づけられている。GX-ETSは、国や自治体などの公的なセクターによってルールが形づくられた従来の諸外国や国内の義務的な制度と異なり、GXリーグ事務局がルール素案も示しつつ、600社を超えるGXリーグ賛同企業との対話を経ながら、ルールを具体化するという形で策定が行われてきた。GXリーグ設立準備期間と位置づけられた2022年度においては、同年9 〜 12月にかけて学識有識者検討会を3回開催し、専門的な見地からの意見を引き出しながらも、同期間に600社超のGXリーグ賛同企業への説明会の開催や、累計で10回を数えた業種別の意見交換会も実施された。また、GXリーグ賛同企業を対象に行われた意見募集では

累計で1,000件以上の意見が寄せられた。[67]こうした対話を経ながら、実効性や公平性、実務上の観点から制度ルールが素案から一部更新され、2023年2月に第1フェーズのルールとして公表された。

ルールの概要

　第1フェーズにおいては、参画企業はまず排出規模に応じて2つのグループに分類される。具体的には、企業が自ら設定した排出量の算定範囲（組織境界）における2021年度の国内直接排出量実績が10万トン以上の企業がGroup G企業、10万トン未満の企業がGroup X企業となる。このうち、Group G企業のみが自らの排出削減を基にした超過削減枠（本制度における排出枠の名称）の創出・売却が可能となる。Group X企業は、超過削減枠の取引に参加をすることは可能であるものの、企業自らの排出量削減を基にして超過削減枠を生み出すことはできない扱いとなっている。

　また、第1フェーズの最終年度となる2025年度の終了後、各企業は、自らの排出削減状況に応じて、超過削減枠を創出・売却するか超過削減枠を調達をするかの、いずれかの立場に回ることになる。ここで創出と調達のそれぞれの基準について以下に説明する（図2-8）。

　まず、超過削減枠の創出基準について説明する。排出量の削減を意欲的に進め、超過削減枠の創出・売却を目指す企業は、直近年度から直接・間接排出量の総量が減少し、かつ直接排出量がNationally Determined Contribution（国が決定する排出量削減目標。以下、「NDC」）相当排出量（後述）を下回る場合、NDC相当排出量と直接排出実績の差分を超過削減枠として創出・売却することが可能である。そのため、各企業は自らの排出目標をルール上掲げることになるものの、超過削減枠の創出においては、最終的な排出実績がNDC相当排出量を下回ることができるかがポイントとなる。

　ここで、超過削減枠の創出において重要となる「NDC相当排出量」について解説をしたい。「NDC相当排出量」とは、各社が設定した「基準年度

図2-8 GX-ETSにおける超過削減枠の創出と調達の基準

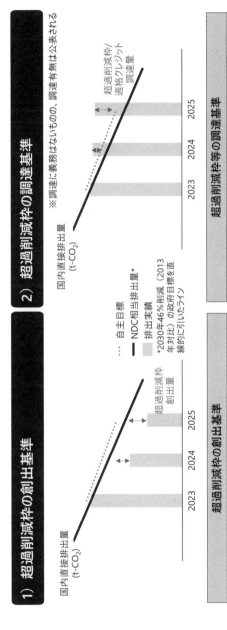

出所）GXリーグ事務局「GX-ETSによる第1フェーズのルール」を基に野村総合研究所作成

排出量」に「NDC水準」の削減率をかけて求められたものである。そして、「基準年度排出量」とは、原則として2013年度（例外として2014年から2021年の範囲で各企業が設定した排出削減の基準となる年度）における排出実績のことを指す。また、「NDC水準」とは、日本が掲げる2030年の排出削減目標である2013年度比46％減（及び2050年カーボンニュートラル）と整合的な一定の削減ペースのことである。具体的には、図2-9に示すとおり、設定した基準年度に応じた削減率が定められている。以上のルールを言い換えれば、超過削減枠の創出は、日本のNDC達成ペースを超える削減分を基に行われるものと理解することができる。

　次に、超過削減枠の調達基準について説明する。自らの排出削減を進めても当初設定した目標の達成が困難である企業は、目標の未達分について、超過削減枠やGX-ETSにおいて使用が認められる適格カーボン・クレジットを調達し、償却することで未達分を補うことが認められている。なお、GX-ETSは義務的な制度ではないため、これらの調達を行わずに目標未達であったとしても罰則は存在しない。しかし、各企業の削減達成状況や、目標未達企業の超過削減枠と適格カーボン・クレジットの調達状況は、外部に公開がなされる。そのため、目標未達であり、かつ未達分の調達も行わなかった場合は、その旨が世間一般に公開されることとなる。

　ここで、目標未達時に必要な調達量は、「排出量実績－NDC相当排出量」もしくは「排出量実績－企業が自ら設定した目標排出量」のうち小さい値が基準となる。このことから、自主目標をあらかじめNDC相当排出量より低い（より野心的な）数値で設定した場合でも、必要な調達量はNDC相当排出量との差分となることから、より野心的な目標を設定することを妨げないルールとなっているといえる。逆に、NDC相当排出量よりも高い排出量の自主目標を設定する場合は、目標未達となっても、自主目標との差分を調達すればよく、NDC相当排出量との差分を調達する必要はない。これは、「Hard-to-Abate産業」といわれるような短期的なCO2排出削減が困難な産業に所属しており、第1フェーズ中に野心的な目標設定が行い

図2-9 GX-ETSの直接排出要件におけるNDC水準・NDC相当排出量

NDC水準＼基準年度	2013 【例1】	2014	2015	2016	2017	2018	2019	2020	2021 【例2】
2023年度削減率	27.0%	25.0%	22.9%	20.6%	18.2%	15.6%	12.9%	10.0%	6.9%
2024年度削減率	29.7%	27.8%	25.7%	23.5%	21.2%	18.8%	16.1%	13.3%	10.3%
2025年度削減率	32.4%	30.6%	28.6%	26.5%	24.2%	21.9%	19.4%	16.7%	13.8%
2030年度削減率（参考）	46.0%[*1]	44.4%	42.9%	41.2%	39.4%	37.5%	35.5%	33.3%	31.0%

【例1】
2013年度を基準年度とした場合の、NDC相当排出量

27.0% 29.7% 32.4% 46.0%

2013（基準年度）　2023 2024 2025　2030（参考）

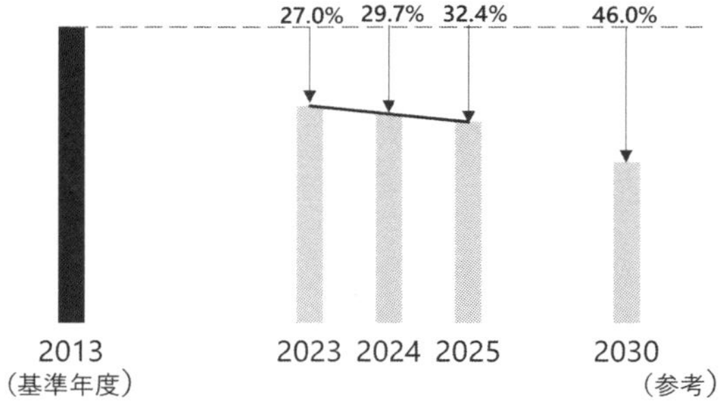

【例2】
2021年度を基準年度とした場合の、NDC相当排出量

6.9% 10.3% 13.8% 31.0%

2021（基準年度）　2023 2024 2025　2030（参考）

*1 日本のNDCである2030年度温室効果ガスが46%削減（2013年度比）と整合

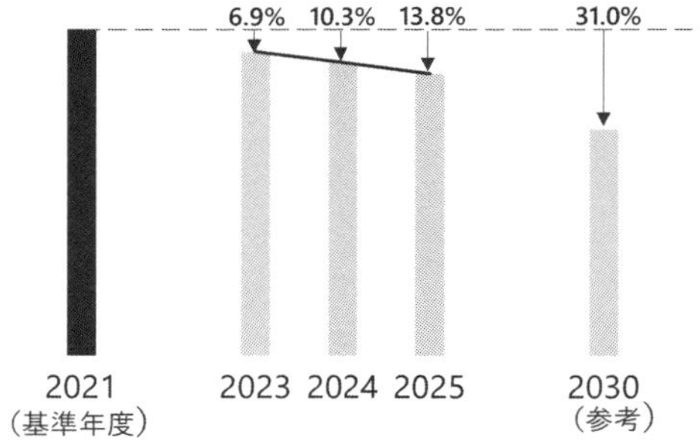

出所）GXリーグ事務局「GX-ETSによる第1フェーズのルール」を基に野村総合研究所作成

にくく、NDC相当排出量対比では、多量の排出枠購入をすることになりかねない企業などにも配慮したルールとなっているといえる。

　このように、事前に一定の基準を基に排出枠が付与され、一律の基準で排出枠の売買が行われるキャップ＆トレード方式のような排出量取引と異なり、GX-ETSは、排出枠の創出と調達でそれぞれ基準が若干異なるという特徴がある。ややわかりにくいと思われるかもしれないが、GX-ETSの排出枠の創出・調達に関するルールは、超過削減枠の創出の場面においてはNDC相当排出量を基準とすることで制度の公平性・厳格性を担保しつつも、超過削減枠の調達の場面においては各社が定める目標水準をベースに事実上排出枠を付与することに近い形を取ることで、短期的なCO_2排出削減が困難な産業の企業側にとっても参加がしやすい枠組みとなっていると解釈することができるだろう。

　Group GとGroup Xのルール上の扱いの違いは、表2-5のとおりである。まず、「1. プレッジの基準年度排出量」について、GX-ETSでは、基準年度を原則2013年度に設定することとしているが、2014 〜 2021年度に設定することも認めている。ここで、2013年度以外の基準年度を設定する場合、Group Gは選択した基準年度を含む連続した3カ年度平均であることが必要だが、Group Xは選択した基準年度の単年数値でも認められる。また、「2. 実績報告」における扱いの違いとしては2点挙げられる。まず、算定期間について、原則的に年度（当年4月〜翌年3月）の算定が求められるところ任意の12カ月間で算定を行う場合には、Group Gは事務局への申し出が必要であるが、Group Xによる申し出については定められていない。次に、第三者検証について、Group Gは排出量実績に対する第三者検証が必須であるが、Group Xは任意となっている。最後に、「3. 取引実施の超過削減枠の創出」について、Group Gは自らの排出削減量を基に超過削減枠を創出することが可能であるが、Group Xは排出削減結果にかかわらず超過削減枠の創出はできない。なお、取引に参加し、超過削減枠の売買をすること自体はGroup G・X共に可能である。

表2-5　GX-ETS参画企業の排出量の取り扱いの違いによる主な取り扱いの違い

	Group G	Group X
	組織境界における2021年度の直接排出量が10万t-CO2e以上の参画企業	組織境界における2021年度の直接排出量が10万t-CO2e未満の参画企業

項目	Group G	Group X
1. ブレッジ 基準年排出量の設定	2013年度単年が原則も、2014~2021年度から選択も可能* *基準年度を含む連続した3カ年度平均であることが必要	2013年度単年が原則も、2014年度~2021年度から選択も可能* *基準年度単年又は基準年度を含む3カ年度平均を選択可能
排出量算定期間	年度 (4/1~3/31) ※事務局申し出のうえ、任意の12カ月間とすることも可	年度 (4/1~3/31) ※任意の12カ月間でも可
2. 実績報告 排出量の算定結果に対する第三者検証	必須	任意
3. 取引実施 超過削減枠の創出	可能	不可

出所）GXリーグ事務局「GX-ETSによる第1フェーズのルール」を基に野村総合研究所作成

ルールの詳細

　次に、第1フェーズ中の企業の対応事項の流れという観点から、詳細ルールを解説する。GX-ETSにおける対応事項は、「1. プレッジ」、「2. 実績報告」、「3. 取引実施」、「4. レビュー」の4つのステップにより構成される（図2-10）。以下では、各ステップごとに詳細を述べていく。

1. プレッジ

　GX-ETSに参加する企業は、まず、基準年度排出量と自らの自主目標を設定する必要がある。基準年度については、前述のとおり、原則としては2013年度単年での設定となるが、各企業の事業状況などの個別の事情を踏まえて2014 ～ 2021年度の中で基準年度を選択することも認められる。2014 ～ 2021年度の中で基準年度を選択する場合、Group Xは単年選択が認められることから、例えば、2014年度を選択した場合、2014年度の排出量を報告することで、そのまま基準年排出量として登録することが可能である。一方で、Group Gの場合、2014 ～ 2021年度の中で選択した

図2-10　GX-ETS第1フェーズにおける企業の対応事項 概要

1. プレッジ	2. 実績報告	3. 取引実施	4. レビュー
● 排出削減目標の設定 ・直接・間接排出別 ・2030年度、2025年度、第1フェーズ(2023~2025年度)の総計 ● 目標水準は各社が自ら設定	● 国内直接・間接排出の実績を算定・報告 ● 排出量の算定結果は第三者検証が必要 ・Group Xは任意	● 国内直接排出分を対象に排出量取引を実施 ● 目標達成手段として超過削減枠や適格カーボン・クレジット*1の調達が可能 ● NDC水準*2を超過削減した分*3は超過削減枠として創出・売却が可能	● 目標達成状況や取引状況は情報開示プラットフォーム「GXダッシュボード」上で一般に公表

*1　GX-ETSにおいて、参画企業が、自主目標達成のために使用することが認められるカーボン・クレジット。当面は、J-クレジット及びJCMクレジットが対象となる
*2　わが国のNDCである2030年度温室効果ガス46％削減（2013年度比）と整合的な一定の削減ペースを機械的に計算したもの
*3　制度開始時点で、2023年度のNDC水準を既に超過達成している場合はの扱いは別途規定が存在
出所）GXリーグ事務局「GX-ETSによる第1フェーズのルール」を基に野村総合研究所作成

基準年度を含む連続した3カ年度平均が基準年度排出量として求められることから、排出量の大きい単年度を選択するといった恣意性のある選択による影響が小さくなるルールとなっている。基準年度が含まれていれば、連続する3カ年の選択範囲は自由である。具体的には、例えば、2018年度を基準年度とする場合、2016 〜 2018年度平均、2017 〜 2019年度平均、2018 〜 2020年度平均のいずれも認められる（ただし、2021年度を基準年度とする場合は、3カ年平均に2022年度を含めることは認められていないことから、自ずと2019 〜 2021年度平均のみが認められることになる）。

　基準年度排出量の報告方法については、過去の排出量情報となるため、追加のデータ取得や提出といった実務上の対応が多くの場合困難であることから、企業側に一定程度配慮をした形となっている。具体的には、虚偽報告に対して罰則がある温室効果ガス排出量算定・報告・公表制度（以下、「SHK制度」）での報告済データや、統合報告書などによる開示に向けてGHGプロトコルに基づき算定をした第三者検証（限定的保証以上の水準）を受けているデータを算定根拠として認めることとしている。[68]また、前述のいずれにも該当しない排出量情報についても、個別の申請で証憑提出と合わせて加算を認める手続きも用意されている。このように過去の報告済データを使用できる設計としているが、最終的な報告時には、GX-ETSの制度趣旨に則り、直接排出・間接排出別で基準年度排出量が確定される。

　次に、自主目標について解説する。自主目標をより詳細に記述すると、国内の直接・間接排出量別に「2030年度排出削減目標」、「2025年度の排出削減目標」、「第1フェーズ（2023 〜 2025年度）の排出削減量総計」の3つ（それぞれで直接・間接排出別も考慮すると6つ）が報告の対象となる。いずれにおいても排出原単位ではなく、排出量ベースでの設定が求められる。企業によっては、直接・間接別の削減目標や2025年度の削減目標を定めていない、あるいは対外的に公表していないこともあるが、その場合は追加での検討・目標策定を行う必要が生じる。削減目標は、各企業が自ら2050年カーボンニュートラルと整合的と考える数値であり、国やGX

表2-6 GX-ETSにおける組織境界の設定基準

基準			考え方
GHGプロトコル	出資比率基準		・子会社などの関連会社のGHG排出量は、その関連会社に対する出資比率に従って計算する基準 ・通常、出資比率と所有割合は一致するが、一致しない場合、経済的実質を分析し適用
	支配力基準	財務支配力基準	・支配下の関連会社からのGHG排出量の100%を算入する。持分を持っていても支配力を持っていない関連会社のGHG排出量は算入しない ・関連会社から経済的利益を得る目的でその関連会社の財務方針及び経営方針を決定する力を持つ場合。その関連会社に対し、支配力を有するとする
		経営支配力基準	・支配下の関連会社からのGHG排出量の100%を算入する。持分を持っていても支配力を持っていない関連会社のGHG排出量は算入しない ・企業又はその子会社などを通じて自らの経営方針を関連会社に導入して実施する完全な権限を持つ場合、企業は、その関連会社に対し、支配力を有する
財務会計上の基準	連結法 (連結子会社)		・下記の条件に該当する会社は、連結の対象に含める。連結することが重要でなければ入れないことも可能) ➤ 他の企業の議決権50%超自己の計算において所有している場合 ➤ 他の企業の議決権40%以上50%以下自己の計算において所有し、緊密者の議決権や役員関係、契約関係などの一定の条件を満たす場合 ➤ 他の企業の議決権40%未満自己の計算において所有し、緊密者の議決権と合わせて50%超保有し、役員関係、契約関係などの一定の条件を満たす場合
	持分法 (非連結子会社を前提)		・下記の条件に該当する会社は、持分法の対象に含める ➤ 議決権の20%以上所有する場合 ➤ 15%以上20%未満の場合で、一定の議決権を有し、事業方針などに重要な影響を与えることができる場合など

出所)GXリーグ事務局「GX-ETSによる第1フェーズのルール」を基に野村総合研究所作成

リーグ事務局が目標水準・数値に対して基準を示すことはしておらず、ま
た、提出受付時に審査などを行うものではない。ただし、削減目標は、後
述のGXダッシュボードで一般に公開される項目に含まれるため、各企業
は、目標設定の水準やその考え方について、対外的に説明を求められる場
合があることを念頭に置く必要がある。

　基準年度排出量や自主目標に共通して、各企業は、子会社などの関連会
社を自らの組織境界にどのように組み込むかについて判断をする必要があ
る。制度を試行的に開始する第1フェーズにおいては、GHGプロトコルの
出資基準又は支配力基準、もしくは財務会計上の連結基準などを参考に任
意の組織境界を設定することが可能とされている。そのため、法人単位で、
組織境界にどの子会社を含めるかは自由であり、例えば、排出量の大きい
主要子会社を対象に含め、一方で、排出量が小さく、また算定体制も整っ
ておらず、実務上の算定・報告対応が困難である子会社は除くといった対
応をすることも可能である。

2. 実績報告

　GX-ETSに参加する企業には、毎年度の排出実績について、その算定・
モニタリング・実績報告が求められる。具体的な算定ルールついては、「GX
リーグ算定・モニタリング・報告ガイドライン」に規定されているが、報[69]
告の対象となる排出活動や算定方法については、温対法に基づく温室効果
ガス排出量算定・報告・公表制度（SHK制度）を、また、第三者検証を想
定した算定体制の構築や算定ステップについては、自主参加型国内排出量
取引制度（JVETS）を概ね踏襲する形が取られている。

　SHK制度と共通するルールとしては、対象ガス（エネルギー起源CO_2
以外のCO_2やメタン、一酸化二窒素、フロン類も対象）、対象となる排出
活動、間接排出の算定における調整後排出係数の使用といった点が挙げら
れる。JVETSと共通するルールとしては、排出量のモニタリング方法とし
て、2通りのモニタリングパターン（購買量に基づく算出もしくは実測）が

通常認められていることなどが挙げられる。

　一方、GX-ETS固有のルールとして、各企業は、適格カーボン・クレジットや非化石証書などの本制度で使用が認められている無効化量を、実績報告時に別途報告事項として提出することができる。適格カーボン・クレジットとしては、J-クレジット、JCMの適格性が認められており、さらに2023年度以降に今後追加すべき適格カーボン・クレジットの要件が検討される見込みである。J-クレジットを企業が自ら創出し、それを他社に移転した場合は、温対法における扱いと同様、移転量を報告をする必要がある。非化石証書は、FIT非化石証書（再生可能エネルギー指定）、非FIT非化石証書（再生可能エネルギー指定・指定なし）の3種類すべてが対象となる。適格カーボン・クレジットは無効化対象を直接・間接排出から選択することができ、非化石証書は間接排出のみが対象である。また、組織境界に含まれる子会社など関連会社の排出量は、各社の排出総量に対して、あらかじめ設定した取込比率を適用したのち排出量報告に含まれることになる。例えば、出資比率50％の子会社について、出資比率に準ずる形で排出量報告上の取込比率を50％と設定した場合、ある年度の子会社の排出量合計値1,000t-CO2のうち500t-CO2が参画企業の実績報告に含まれることになる。

　なお、温室効果ガスの吸収・貯留・利用に関するGX-ETSにおける取り扱いについては、該当する取り組みを今後、GXリーグの中で評価することが重要とされつつも、具体的な算定・検証方法は国内外の議論動向を踏まえて継続検討としており、一定の基準が定まったものから順次規定していくものとされてる。なお、この点は、SHK制度やGHGプロトコルにおいても今後の検討課題とされている。

　各企業が自主的に取り組むサステナビリティレポートや統合報告書などにおける情報開示に含まれる排出量情報は、その算定方法としてGHGプロトコルが用いられていることが増えてきている。GHGプロトコルとは、温室効果ガス（GHG）排出量の算定、報告の基準を定めたものであり、米

図2-11　GX-ETSの算定ルールとGHGプロトコルの関係

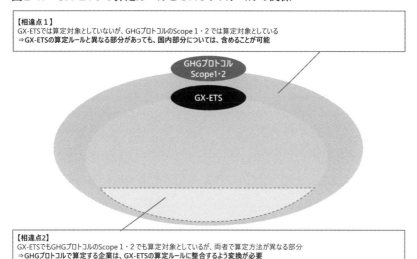

【相違点1】
GX-ETSでは算定対象としていないが、GHGプロトコルのScope 1・2では算定対象としている
⇒GX-ETSの算定ルールと異なる部分があっても、国内部分については、含めることが可能

GHGプロトコル
Scope1・2

GX-ETS

【相違点2】
GX-ETSでもGHGプロトコルのScope 1・2でも算定対象としているが、両者で算定方法が異なる部分
⇒GHGプロトコルで算定する企業は、GX-ETSの算定ルールに整合するよう変換が必要
　　例：GX-ETSにける電気事業者から購入した電力量（kWh）のGHG変換は、温対法の定める調整後排出係数の使用が必要

出所）GXリーグ事務局「GX-ETSによる第1フェーズのルール」を基に野村総合研究所作成

国の環境シンクタンクWRI（World Resources Institute：世界資源研究所）とWBCSD（World Business Council for Sustainable Development：持続可能な開発のための世界経済人会議）が各国政府機関を巻き込みながら開発をした基準であり、CDPやRE100、SBTiなどの脱炭素に関連するイニシアティブにおいてもベースとなる基準で、実質的なデファクトスタンダードであるといえる。[70]このような状況から、GX-ETSにおける実績報告においては、GX-ETSの算定ルールを順守することを前提に、GHGプロトコルで算定したデータも活用できることになっている。具体的には、GX-ETSで求められている間接排出の調整後排出係数に合わせて排出係数の変換を行うことや、GX-ETSでの算定対象外かつGHGプロトコルScope1・2の算定対象となっている排出量を追加で含めることなどの対応が可能である（図2-11）。

　前述のとおり、算定対象や計算方法はSHK制度の手法をベースにして

いるが、SHK制度は排出量報告の枠組みであり、第三者検証などによって報告値の正確性を担保する仕組みはない（罰則などの規定はあり）。一方で、GX-ETSにおいて報告される排出量は、排出量取引の前提となる数値であるため、Group G企業については、排出量報告に対する第三者検証が求められる。また、排出量の算定フローは、「GXリーグ算定・モニタリング・報告ガイドライン」において定められている。図2-12に、GX-ETSにおける温室効果ガスの算定フローについて整理をした。以下に、Step1 組織境界の識別からStep7検証報告までの各ステップについて、概略を述べる。

Step1 組織境界の識別：1.プレッジの部分で記載のとおり、子会社や関連会社を含めた企業単位の組織境界を設定する。

Step2 敷地境界の識別：対象となる各企業の各工場・事業所について、公共機関へ提出した届出・情報などを基に敷地境界を識別する。

Step3 排出源の特定：敷地境界内に対象となる排出活動を把握・特定する。公的な書類や社内の管理方法を参照しながら、排出源の見落としがないように識別・特定を行うことが求められる。

Step4 少量排出源の特定：「GXリーグ算定・モニタリング・報告ガイドライン」で定める基準を基に少量排出源の特定、算定対象から外すことが認められている。ガイドライン上では、少量排出源として想定される例として、芝刈り機、構内車両（フォークリフトなど）、消火用ポンプ、CO_2消化器、ドライアイスが挙げられている。

Step5 モニタリング方法の策定：各排出源について活動量を把握する位置（モニタリングポイント）の設定と、排出量測定を行う方法（モニタリングパターン）に応じた確認が求められる。モニタリングポイントは、一般的

図2-12 GX-ETSにおける温室効果ガスの算定フロー

Step 1 組織境界の識別	・ 子会社、関連会社など、**組織境界**を株式の保有状況などにより識別
Step 2 敷地境界の識別	・ 対象となる各企業の各工場・事業所につき、公共機関へ提出した届出・報告など（工場立地法届出書類など）の敷地地図を用いて**敷地境界を識別**
Step 3 排出源の特定	・ 敷地境界内の**算定対象活動を把握**（敷地境界に紐づかない移動排出源による算定対象活動も把握が必要な場合も存在） ・ 消防法などの届出書、設備一覧表、購買伝票などを用い、**排出源を特定**
Step 4 少量排出源の特定	・ Step 3 で特定した排出源のうち、**少量排出源**に該当するものを特定し、**算定対象外**とすることが可能
Step 5 モニタリング方法の策定	・ 各排出源について、モニタリングポイントを設定 ・ モニタリングポイントごとの予測活動量に基づき策定したモニタリング方法が要求レベルを充たしているかを確認
Step 6 算定体制の構築	・ 温室効果ガス排出量算定の算定責任者及び算定担当者並びにモニタリングポイントの管理責任者及び担当者などを任命 ・ モニタリングや算定の主体、方法、データの信頼性維持・管理の主体、方法などの方法論・役割・責任を整理、規定
Step 7 モニタリングの実施と排出量の算定・検証報告	・ 策定した**モニタリングプラン**（方法・体制）に基づき**モニタリングを実施** ・ 収集した**データを用いて、温室効果ガス排出量を算定・報告**

出所）GXリーグ事務局「GX-ETSによる第1フェーズのルール」を基に野村総合研究所作成

には計測器などが想定されるが、購買量データを使用する場合には、燃料タンクなどの工場・事業所における燃料の受入口も含まれる。モニタリングパターンとは、活動量のモニタリング方法を分類したものであり、具体的には、購買量に基づく方法（パターンA）と実測に基づく方法（パターンB）の2つに大別される。パターンBを適用する場合、実測に用いる計測器などに対して一定の精度確保を行うことが要求される。

Step6 算定体制の構築：報告値の正確な算定を行うための体制の整備が求められる。具体的には、データ集計方法の決定や、責任者や担当者の任命、チェック体制の整備、手続きの確立（誰が何をいつまでにするかを定めた業務フロー）などが求められており、ガイドライン内でも推奨事項として記載されている。特に、GX-ETSにおいては、組織境界の設定によっては算定範囲が広範になり得ることから、ISO14064-1に基づいたマネジメント体制の構築など、排出量算定の体制を強化することが重要になる。

Step7 モニタリングの実施と排出量の算定・検証・報告：Step1～6において整備・確定した算定対象・方法・体制を基に毎年度の排出量報告を行うことが求められる。

　最後に、第三者検証の取り扱いについて述べる（図2-13）。Group Xでは、第三者検証の取得は任意とされているが、Group Gにおいては、第三者検証の取得が必要となる。自らの排出削減を基に超過削減枠を創出しない場合は限定的保証水準が求められ、超過削減枠を創出する場合は合理的保証水準の取得が求められる。合理的保証は、限定的保証と比較して高い保証水準であり、一般的に検証にかかる対応コストが高くなるものとして知られている。これは、金銭的価値が伴う超過削減枠の創出の前提となる排出量報告値について、その正確性がより求められているためである。

図2-13　GX-ETSにおける第三者検証の要否と要求される保証水準

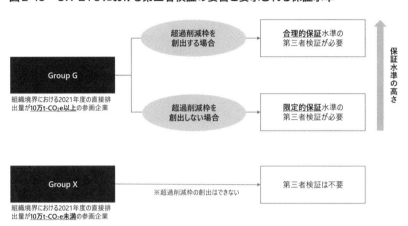

出所) GXリーグ事務局「GX-ETSによる第1フェーズのルール」を基に野村総合研究所作成

3. 取引実施

　次に、取引実施について解説する。ここでは、取引にあたって超過削減枠を創出する要件・手続き、適格カーボン・クレジットと取引市場について述べる。

　まず、排出実績の削減が進み、超過削減枠の創出要件を満たしている企業は、創出申し込みを経て超過削減枠の創出をすることができる（次頁の図2-14）。

　創出要件として、直接排出量がNDC相当水準を下回っていること（①直接排出要件）、直接排出と間接排出の合算が直近排出量を下回っていること（②総量排出要件）の2点を満たす必要がある。「①直接排出要件」は前述（ルール概要に記載）のとおりである。これに加えて、「②総量排出要件」として、直接排出と間接排出の総量でも直近排出量を超えないことが求められる。この総量排出要件を考慮すると、例えば、超過削減枠の創出対象である直接排出の削減のために電化を推し進めることで直接排出が減少しても、低効率石炭火力由来の電力の利用が増加するなどの要因で間接

図2-14　GX-ETSにおける超過削減枠創出の要件

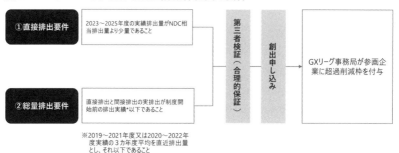

出所）GXリーグ事務局「GX-ETSによる第1フェーズのルール」を基に野村総合研究所作成

排出が増加してしまい、直接排出と間接排出の総量が直近排出量対比で増加してしまった場合、要件②未達により超過削減枠の創出は不可となる。

　超過削減枠の創出は通常、第1フェーズの3カ年の実績確定後に行われるが、単年の実績を基に先んじて創出を行うことも可能であり、これを「特別創出」と呼ぶ。この特別創出を用いることで、最も早い場合、2023年度実績を対象に2024年度中に超過削減枠を創出することが可能である。

　また、前述に加えて、超過削減枠の創出に関連する条件として、一部の企業に該当するものを紹介したい。制度開始前から直接排出要件を既に満たしている（基準年度対比で直接排出量がNDC相当排出量を既に下回っている）場合は、制度開始前の排出実績を下回る目標水準の設定が求められ、この目標水準を下回った排出実績分についてのみ超過削減枠の創出が可能となる。なお、超過削減枠の創出を行わない場合は、該当企業は前述のような目標設定を行う必要はない。

　次に、適格カーボン・クレジットと取引市場について述べる。GX-ETSでは、企業の排出削減から創出される超過削減枠に加えて、GX-ETSが認める適格カーボン・クレジットの利用も認められている。2023年8月現在（執筆時）、J-クレジットとJCMクレジットが適格カーボン・クレジットの対象とされている。JCMクレジットについては、現在、SHK制度において、

パリ協定6条の実施ルールに係る国際決定を踏まえ、活用可能なJCMクレジットを2021年以降の排出削減・吸収の取り組みに由来するものとする案が検討されており、今後、この議論の状況を踏まえて、GX-ETSにおける扱いを決定するものとされている。また、J-クレジット、JCMクレジット以外の適格カーボン・クレジットについては、経済産業省発行の「カーボン・クレジット・レポート（2022年6月）[15]」において整理された考え方に基づき、GXリーグ内のワーキンググループにおいて今後追加すべき適格カーボン・クレジットの要件を検討することとされている。

　第1フェーズ最終年度である2025年度終了後には、自らの排出削減のみで目標値を達成できない企業は必要に応じて2026年度11月末までに超過削減枠や適格カーボン・クレジットの調達、無効化を行うことが求められることとなる。

　取引市場については、今後、市場整備と詳細なルールが制定される予定である。具体的な取り組みとしては、経済産業省の委託事業という形で、東京証券取引所におけるカーボン・クレジット市場の実証事業が行われた。具体的には、2022年度にGXリーグ賛同企業も参加する形で、J-クレジットを対象とした実際の売買と、GXリーグの超過削減枠を対象としたバーチャルな取引検証が実施された。当該実証を含む取引市場に関する詳細については4章で述べる。

4.　レビュー

　各企業が設定した削減目標値、目標達成状況、取引状況は、GXダッシュボード上で一般に公表される。GXダッシュボードとは、GXリーグ運営事務局により公開が予定されている、GXリーグ参画企業の取り組み状況を開示するための基盤である。外部のステークホルダーが投資判断や企業評価などに活用可能な情報を、一覧性・比較可能性のある形で開示するものであり[71]、この開示項目の一部にGX-ETSの削減目標値や目標達成状況、取引状況が含まれる。GX-ETSにおいては、目標未達の場合でも罰則は存

在しないが、目標未達であるにもかかわらず超過削減枠や適格カーボン・クレジットの調達を行わなかった場合は、その事実も含めて公開がされる。そのため、各企業にGX・脱炭素化への対応を求める金融機関をはじめとする各種ステークホルダーの目に晒されることを承知のうえで、未達時にも調達をしないような行動を取るかについて、各企業は判断を求められる。GXダッシュボードは、2023年度中に公開される予定であるが、個社の排出目標・実績や各種取り組み状況について把握しやすい形で開示をしつつ、多排出産業などの脱炭素推進にかかわる課題やトランジションの考え方がわかるよう、可能な限り配慮した形になるとされている。

第2フェーズ以降の段階的発展について

今後のGX-ETS（国内排出量取引制度）については、2023年2月10日に閣議決定された「GX実現に向けた基本方針」と、同年5月12日に国会審議を経て成立したGX推進法（脱炭素成長型経済構造への円滑な移行の推進に関する法律）において方針が示された。これによると、GX-ETSは、

図2-15　GX-ETS（国内排出量取引制度）の段階的発展の方針

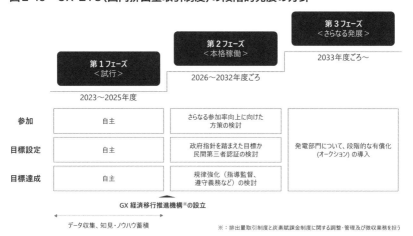

出所）経済産業省「GX実現に向けた基本方針」（2023年2月10日）を基に野村総合研究所作成

図2-15に示すように「段階的発展」をしていくとされた。

　まず、第1フェーズは、ここまでに記載のとおり試行的な位置づけとされており、参加・目標設定・目標達成のいずれの点においても、企業の自主性を尊重した制度になっている。すなわち、企業がGX-ETSに参加すること自体が任意であり、目標設定の基準も定められておらず、目標達成状況への対応も企業の判断に委ねられている。一方で、本格稼働期間と位置づけられる2026年度以降の第2フェーズの制度のあり方については、制度の公正性・実効性をさらに高めるための検討を行うことが「GX実現に向けた基本方針」^[12]において示されている。具体的には、企業のさらなる参加率向上に向けた方策や、政府指針を踏まえた削減目標に対する民間第三者認証の検討、目標達成に向けた規律強化（指導監督、順守義務など）の検討が挙げられている。これらの検討は、第1フェーズの進捗や国際動向などを踏まえ、進めていくこととされている。このことから、参画企業の自主性に重きを置きつつも、第2フェーズにおいては参加対象となる企業、目標設定の水準、目標達成状況に応じた扱いなどにおいても規律化がより強まる可能性がある。

　また、第3フェーズについては、2033年度から発電事業者に対して、有償オークション方式による排出枠の割当てを行うことがGX推進法において定められた。具体的には、GX推進法の15条と16条において「経済産業省大臣が発電事業者に対して、一部有償で排出枠を割当て、その量に応じて特定事業者負担金を徴収をすること」、17条において「具体的な有償の排出枠の割当てや単価は、入札方式（有償オークション）により決定すること」^[72]が定められている。このように、政府が掲げる成長志向型カーボンプライシングの一翼を担う排出量取引制度の長期的案な発展の方向性は、既に一部法的な裏づけも与えられている。

2.2.3 GX-ETSの特徴（海外排出量取引制度との比較）

　ここまで、GX-ETSの第1フェーズのルール詳細と第2フェーズ以降の展望について述べた。本項では、GX-ETS第1フェーズの特徴について、海外の排出量取引制度との比較を行いながら考察を行いたい。2.1節で紹介したように、諸外国の排出量取引も、そのルールは各制度によりさまざまであるが、ここでは、先駆的かつ代表的な排出量取引制度であるEU-ETSを中心とした海外の排出量取引市場とGX-ETSとの比較を行う（表2-7）。両制度の比較においては、例えば、対象としている温室効果ガスや対象とする企業の組織単位、対象となる産業などのさまざまな視点があるが、ここでは、そのすべてについて紹介することは割愛し、特に、排出量取引制度として排出量削減と排出枠取引促進の観点から主要な相違点について述べる。この比較を通じて、GX-ETS第1フェーズの制度コンセプトである「プレッジ＆レビュー」の特徴について理解を促したい。

排出枠設定の考え方

　海外の義務的な排出量取引制度では、あらかじめ排出枠を制度設計者が付与することが多いが、GX-ETS第1フェーズにおいては、国や事務局が各企業に排出枠を与えるという設計にはなっていない。代わりに、各企業が自主的に基準年度排出量と自主目標における削減率を設定することになり、多くの場合、これが目標未達時の超過削減枠・適格クレジット到達量の基準となることから、事実上、各企業の意向を反映した形で排出枠が決定し得るといえる。

　海外諸制度にみられる排出枠の付与の方法として、前述のとおり、まず、排出枠を無償で付与する方法では、グランドファザリング方式とベンチマーク方式が代表的である。グランドファザリング方式とは、事業者の過去の実績排出量を基に排出量を付与する方法であり、ベンチマーク方式は、業界ごとの産業特性や技術的知見を踏まえて排出量水準を設定する方法で

表2-7　GX-ETSと海外の排出量取引市場との比較

凡例）⬜ ：海外の一般的な義務的制度と異なる箇所

		GX-ETS	海外の義務的制度
① プレッジ	排出枠の割り当て	**なし** 企業が自主的な目標を設定	**あり** 政府が業界毎に排出枠を設定など
	有償枠/無償枠の設定	**なし** ただし電力部門はフェーズ3以降導入を検討	**あり** 有償枠の引き上げなどによる脱炭素誘導
② 実績報告	排出量の算定・モニタリング	制度の定める算定基準に準拠が必要	制度の定める算定基準に準拠が必要
	排出量の第三者検証	第三者検証の取得が必要	第三者検証の取得が必要
③ 取引実施	市場流動性の予見性	**低い** 各企業の削減結果や取引行動に依存	**比較的高い** 政府が排出枠を事前に設定
④ レビュー	目標達成状況の公表	**あり** GXダッシュボード上で公表	**あり** 国の公的インフラなどで公表
	罰則	**なし**	**あり**

出所）GXリーグ設立準備公式ウェブサイト https://gx-league.go.jp)（2023年2月24日閲覧）を基に野村総合研究所作成

107

ある。また、排出枠を有償で付与する方法としては、参加企業が入札により排出枠を入手するオークション形式が代表的である。EU-ETSの場合は、第1フェーズ（2005～2007年）は、ほぼすべての初期配分量をグランドファザリング方式で無償配分し、第2フェーズ（2008～2012年）から第3フェーズ（2013～2020年）にかけて段階的にオークション方式による有償枠の比率を拡大した。そして、生産拠点を海外に流出させる可能性のある業種においては無償配分の継続を認めるものの、第4フェーズでは段階的に全面的な有償オークション方式に移行することになっている。[73]
このように、排出枠の設定方法は変遷してきているものの、制度設計者が初期排出枠を設定するという考えは一貫している。また、他の排出量取引制度をみても、例えば、米国北東部の州が参加するRGGIでも、このオークション形式が取られている。[74]一方で、「プレッジ＆レビュー」をコンセプトとするGX-ETSは、この点において大きな違いがあり、排出枠の設定は各企業の意向が反映されるものとなっている。第1フェーズのルール概要でも述べたとおり、GX-ETSにおいて目標未達時に調達が必要となる超過削減枠（又は適格カーボン・クレジット）の量は、NDC水準排出量と企業自らが設定した目標排出量のうち、いずれか多い方と排出量実績の差分とされていることから、企業が自ら設定できる目標排出量が「キャップ[75]＆トレード」における排出枠に近い性質を持つということができる。

　このように、排出量取引において最も重要な要素のひとつともいえる排出枠設定の方法の段階において大きな違いがあるといえる。各社が自ら設定する目標によって事実上の排出枠が左右されるGX-ETSについては、例えば、企業が意図的に緩い目標設定を行うことも理論上可能である。しかし、前述のGXダッシュボードにおいて、各社が設定している目標値は、資本市場をはじめとする幅広いステークホルダーに対して公開され、また他社との比較もされる。このように、目標設定の「プレッジ」に対しては、各ステークホルダーからの「レビュー」という規律づけが働くことが、この「プレッジ＆レビュー」の基本コンセプトとなっており、企業が自発的

に野心度の高い目標設定を行う動機づけとなり得る。この「プレッジ＆レビュー」という考え方を排出量取引に導入する試みは、海外においても先行事例がないものの、他方で、その独自性・新規性については、有識者からも一定の評価は得ており、国際的なアピールもすべきとの評価も出ている[76]。

　社会的な脱炭素化への取り組み要請に対して、各企業は既に統合報告書やサステナビリティレポートなどで、2050年カーボンニュートラルに向けた中間年度として2030年度目標を開示しているケースも増えてきているが、例えば、GX-ETSで掲げる2030年度の目標値が排出量のバウンダリーといった理由以外で著しく異なる場合や、2025年目標の削減ペースが疑義の生じ得る水準になっている場合などは、追加的な説明が対外的に求められるケースも想定されるであろう。

取引量・取引市場

　排出枠の取引に関して、どの程度の取引量が出てくるかも排出量取引制度の実効性を評価するにあたっての重要な要素である。排出量取引制度を他の義務的な法規制や報告制度と同様に、純粋な排出削減施策として捉えれば、排出枠の取引が発生せずとも、各企業が自らの排出枠未満まで削減を行うことができれば、政策目標は達成されているといえる。他方で、排出量取引制度はすべての業界・企業が一様に排出削減を進めることはできないという前提の下、炭素への価格づけを通して費用効率的に社会全体の排出削減を促進するものである。つまり、排出削減にかかる費用の低い取り組みが優先的に選択され、社会全体としての効率的な排出削減が行われる状態が目指されている[27]。このことを考慮すれば、排出枠の取引量は、制度を評価するうえで重要な指標のひとつとなる。

　排出量取引制度において発生する取引量は、参加企業の排出削減状況や排出枠の供与方法、取引環境の整備状況などに依存する。まず、参加企業の排出削減状況は、実際の削減活動の進捗に加えて、該当期間の経済状況

などの外部影響を受ける。また、排出枠の供与方法については、排出枠が事前に付与される方法であるか否かが取引量に与える影響が非常に大きい。EU-ETSでは、制度初期の無償枠配布やオークションにより、事前に排出枠が企業に付与されることは前述のとおりである。そして、取引環境について、EU-ETSの排出枠取引では、電力や天然ガスのエネルギーの取引も手掛けるドイツ取引所グループ参加のEEXや、インターコンチネンタル取引所（ICE）などの取引所でスポット取引、デリバティブ取引が可能になっているなどの整備がなされている。そのため、EU-ETSでは、リーマンショックなどの不況により排出枠の取引が一時停滞したものの、その後は活発に取引が行われている（主要取引市場のひとつであるICE Endexにおける2020年のEUAデリバティブ取引だけでも117億トンにも上る）[77]。

　一方、GX-ETSにおいては、実際の取引は第1フェーズ（2023〜2025年度）の運用が開始されてから発生するものであるため、現時点での取引量について予見性をもって評価を行うことは難しい。ただし、EU-ETSのように排出枠を事前配布する形式を取っていないことや、第1フェーズにおいて直接排出の削減をNDC相当排出量を超過するペースで削減できる企業は限定的となる可能性があること（例：2013年度を基準年度とする場合、2023年のNDC水準における削減率は27％であり、そこから2024年度、2025年度は追加でさらに2.7％ずつの削減が必要）などから、制度の運用が開始しても短期間でEU-ETS並みの取引量が発生するとは考えにくい。なお、超過削減枠の第1フェーズにおける取引方法については、2023年8月現在（執筆時）では明確に公表されていない。ただし、GX-ETSにおいて適格カーボン・クレジットとして位置づけられているJ-クレジットは、今後、東京証券取引所で開設が予定されているカーボンクレジット市場などにおいて取り扱われる予定であり、GX-ETSの超過削減枠も当該取引所取引などで流通する可能性が想定される。[78]

罰則

　海外の義務的制度においては事業者の排出削減促進の実効性を担保するため、排出量が一定の基準を超過した場合には排出枠の購入が義務づけられていたり、目標未達時には、それ以外の罰則を設定されていたりすることが一般的である。また、そもそもが義務的な制度であるため、法律を制定し、その強制力を担保している。罰則の規定方法としては、例えば、欧州のEU-ETSや韓国のK-ETS、カナダのOutput Performance Stadardのように、t-CO2当たりの罰金の支払いを規定する制度もあれば、米国のカルフォルニア州排出量取引制度やRGGIのように、事業者の排出枠設定に影響を与える制度も存在する（次頁の表2-8）。

　一方で、GX-ETSにおいては、目標未達時の排出枠調達量基準はルールとして定められているものの、調達そのものは義務ではなく、調達をしなかった場合の罰則について定めた規定はない。また、自主的な枠組みであるGXリーグに任意で参画している企業のみが参加する制度であり、少なくとも第1フェーズにおいては法律上の裏づけがある制度でもない。ただし、企業の自主性を尊重しながらも、「プレッジ＆レビュー」における「レビュー」の部分で、GXダッシュボードによる資本市場などを含む外部への情報開示が行われることになり、これによる規律づけが働くことが想定されている。

表2-8 各国・地域の排出量取引制度における罰則の扱い

国・地域	制度	罰則
欧州	EU-ETS	・ €100/t-CO2(物価上昇率を加味)の課徴金などの罰則規定あり
米国	カリフォルニア州排出量取引制度	・ 排出枠が不足する場合、不足する排出枠又はクレジットの4倍の排出枠又はクレジットの提出が課される
米国	RGGI	・ 許容排出量を超過した場合、超過した排出量の3倍の排出枠が翌年以降の初期配分より没収される
韓国	K-ETS	・ 1トン超過当たり10万ウォン以下もしくは市場価格の3倍の値段の課徴金が課される
中国	全国排出量取引制度	・ 償却義務を履行しない場合や期限を過ぎても履行しない場合、各省が法に従って行政処分を科す
カナダ	Output Performance Standard	・ 超過する排出量に対してトン当たりCA$20の支払いが課される
日本	(参考) GX-ETS	・ 目標未達時の排出枠調達は義務ではなく、調達をしない場合も罰則はない ・ ただし、目標未達の事実と排出枠調達有無は一般に公表される

出所)公開情報を基に野村総合研究所作成

COLUMN

GXリーグ

1.1節で述べたようにGXリーグとは大雑把に言うと、「GXに先駆的に取り組む企業の集まりであり、自主的な排出量取引と、それ以外のGX関連の市場創造などの取り組みを行う場」である。本章では、GXリーグの取り組みの柱である自主的な排出量取引（GX-ETS）について述べてきたが、本コラムでは、自主的な排出量取引以外の取り組みを含むGXリーグの概要を紹介をしたいと思う。

GXリーグ設立の背景と目的

GXリーグに関して、前述のとおり、2022年2月に基本構想が示され、その後、同年度における賛同企業による設計フェーズを経て、2023年度からGXリーグ参画企業による活動が行われている。GXリーグの設立にあたっては、次の3点のような背景課題認識が挙げられている。[79]

- 多くの日本企業が脱炭素に向けた優れた取り組みをしながらも、地理的・エネルギー的制約などから、その取り組みが十分に評価されていないため、日本企業の環境投資が正当に評価される構造をつくることが必要である。
- 政府だけでなく、NGO/NPO・民間企業連合によるルール形成がグローバル経済において影響力を高めているため、日本においても、官民連携によるルール形成力向上を図ることが重要である。
- 日本では、政府がルール策定、企業がプレーヤーという意識が強いなか、GX市場創造のために、企業によるリーダーシップが求められている。

このような認識から、GXリーグは、次の3点を目指すとされている。

- 企業が世界に貢献するためのリーダーシップのあり方を示す。
- GXとイノベーションを両立し、いち早く移行の挑戦・実践をした者が生活者に選ばれ、適切に「儲ける」構造をつくる。
- 企業のGX投資が金融市場、労働市場、市民社会から応援される仕組みをつくる。

GXリーグの主な活動

　前述の設立背景・目的から、GXリーグは主に4つの活動をする場とされている（2023年度時点）。その概要を図2-16に示す。[79]

　まず、「① 自主的な排出量取引」は、本章で述べてきた内容であり、GXリーグに参画した企業がこれに取り組んでいる。

　次いで、「② 市場創造のためのルール形成」は、「産業の垣根を取り除き、企業自らが『稼ぎながら世界に貢献する（新たな付加価値を提供する）』ような、カーボンニュートラル時代の市場創造やルールメイキングを行う」こと、「ルールの設計だけではなく、実証と実装、さらには世界に向けて日本企業からもルールの発信を行う」ことを目的とした取り組みである。

図2-16　GXリーグの取り組み：4つの場

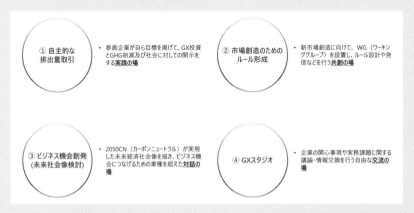

出所) GXリーグ事務局「GXリーグ活動概要 ～ What is the GX League～」(2023年2月1日)を基に野村総合研究所作成

　主な活動としては、GXリーグ運営事務局やGXリーグ参画企業が提案するテーマに関連するWG（ワーキンググループ）が組成され、ルールの策定に向けた議論が行われる。例えば、2022年度のGXリーグの活動では、「GX経営促進WG」が組成され、気候変動に関する企業評価に関して、これまで金融機関などで採用されてきた排出量を指標としたリスク評価だけでなく、企業が持つビジネス機会に着目した評価を促進することを目的とした議論が行われた。そして、その活動成果として、評価指標や情報開示のあり方などに関するガイドラインが策定され、一般に公開がされている。

　そして、「③ ビジネス機会創発（未来社会像検討）」は、「業種を超えた対話により、2050カーボンニュートラルを前提とした経済社会システムにおける新たなビジネス像を創造し、企業における新規事業開発・研究テーマ開発などを促進する」ことを目的とした取り組みである。主な活動としては、GXリーグにおいて構想された「ビジネス機会」に関して、参画企業や外部企業・有識者などを交えたディスカッションが行われる。

　最後に「④ GXスタジオ」は、「GXに関連する各テーマに関する各企業の取り組み・ベストプラクティスの共有」を行うこと、「2050年CNを実現するための連携や創発、共創を推進するための、企業間交流の促進」を行うことを目的としている。主な活動としては、GXに関連するテーマに関する参画企業などによるプレゼンテーション、ディスカッションの定期開催がなされる。

GXリーグの参画企業

　前述のような各種取り組みを行うGXリーグには、2023年度時点で600弱の企業が参画をしている。参画企業の業種は、多岐にわたっており、製造業をはじめとする主要な産業のキープレーヤーが多く参画をしている。特に、「多排出産業」と呼ばれる温室効果ガス排出量が特に多い業種（鉄鋼、化学、電力・ガス・石油、紙・パルプ、セメントなど）の主要な企業も多く参加をしていることから、参画企業の排出量合計は、日本の総排出

量の4割以上を占めるとされている。

　他方、自らの排出量はさほど大きくなくとも社会のGX推進に大きな影響力を持つ金融機関や各種脱炭素ソリューションを持つ企業、これからのGXを推進する担うことが期待される新興企業なども数多く参加しており、GXリーグは、脱炭素にリーダーシップを持って取り組む多様な企業の集まりとなっている。

3

カーボンクレジット

本章では、まず、カーボンクレジットに関する基本事項として、その便益や発行から償却までのプロセスについての整理を行い、カーボンクレジットの分類を述べる。そして今後、特に、カーボンクレジット市場が拡大していくドライバーとなり得るボランタリーカーボンジレットの抱える課題と、その解決に向けた国際的な取り組みについて概観する。さらに、日本国内においても、今後、GX-ETSなどによりカーボンクレジットのさらなる活用が期待されることから、日本国内における今後のカーボンクレジットマーケットについても述べる。

3.1 カーボンクレジットの基本

カーボンクレジットとは、「温室効果ガスの排出を削減、あるいは吸収・除去した量をクレジットとして認定することで、それらの成果を他者と取引可能な形に化体したもの」であると定義できる。ここで、認定される量とは、その削減、吸収・除去施策（以下、「削減施策」）を実施した結果の排出量や吸収・除去量と、施策を実施しなかった場合に排出された、あるいは吸収・除去されなかったであろう量（ベースライン）との差分である。算定を正しく行うため、プロジェクトの実施やその成果については、測定、報告、検証（いわゆるMRV：Measurement, Reporting and Verification）が厳格に実施されなければならない。

本節では、カーボンクレジットの基本事項として、カーボンクレジットの創出・利用を行うことによる便益と、カーボンクレジットが創出され利用されるまでに必要なステップについて述べる。

3.1.1 カーボンクレジットの便益

カーボンクレジットの創出・利用を行う主な便益としては、「①カーボンクレジットの償却による自身の排出量のオフセット」、「②削減施策の資

金獲得」、「③カーボンニュートラル商品の販売と消費者の行動変容の推進」
の3点が挙げられる。以下に、それぞれについて述べる。

①カーボンクレジットの償却による自身の排出量のオフセット

　カーボンクレジットを獲得した事業者は、そのクレジットを無効化（償却）することで自社の排出量をオフセット（相殺）することができる。自社の削減努力により排出量を減少させることが望ましい姿ではあるものの、鉄鋼・化学産業などのように製造過程においてCO_2排出を伴うような産業や、海運・航空のように事業活動において燃料の消費を伴う産業では、製造工程などの抜本的な改変や技術的なイノベーションなしに、一定以上に排出量を減少させ、脱炭素を実現することは難しい。また、Scope3であるサプライチェーンにおける排出削減については、あくまで他者の事業であるため自社の努力だけで排出を削減することが容易ではない。これらのような場合においても、各企業は、カーボンクレジットによるオフセットを活用することで、脱炭素社会の実現に貢献することができる。また、詳細は後述するが、政府が定める公的なクレジットは、法規制により企業に課された義務の達成に活用することもできる。例えば、日本では、J-クレジットを活用することで、省エネルギー法の目標達成や温対法の報告書への活用が認められている。

②削減施策の資金源獲得

　前述のような自身の排出量のオフセットを行う企業などがカーボンクレジットを購入することで、排出を削減、吸収・除去するプロジェクトによって創出されたカーボンクレジットに金銭的な価値が生じる。そのため、カーボンクレジットを創出するプロジェクトのオーナーは、創出したカーボンクレジットを他者に販売することで削減施策の成果を収益につなげることができる。いかに大きな排出削減を実現し、地球環境に対する貢献が大きいプロジェクトであっても、金銭的な価値を生じさせることができな

ければ、持続的に活動することは容易ではない。そこで、排出削減に寄与するプロジェクトの成果がカーボンクレジットとして販売されることで、そのプロジェクトに金銭的な価値が認められ、事業として成立させることができるようになる。

　また、カーボンクレジットは、新たな削減施策の開発・普及にも資金供給を通じた貢献をし得る。「DAC (Direct Air Capture)」といわれる空気からのCO_2分離回収技術に代表されるような吸収・除去系などの新たな技術・プロジェクトは、将来のカーボンニュートラル／ネットゼロ達成のために重要な役割を担うことが期待されているが、多くが未だ開発・実証段階にある。そうしたなか、このような先進的な技術・プロジェクトによる成果がカーボンクレジットに化体され、適切な価格をつけて売買されることで、これらの新たな削減施策に関するイノベーションを推進する資金源（の一部）となり得る。

③カーボンニュートラル商品の販売と消費者の行動変容の推進

　①では、企業などの組織単位での排出量のオフセットについて述べたが、カーボンクレジットは、特定の製品の製造・販売やサービス提供によって発生するCO_2排出量をオフセットすることで、カーボンニュートラルな製品・サービスとして付加価値をつけることにも利用可能である。カーボンクレジットを用いて、製品・サービスをカーボンニュートラル化することで、企業としては、消費者に対して、それらの商材が「環境に良い」ということをアピールができ、販売拡大の効果が期待される。また、消費者の視点からしても、環境に良い製品・サービスを積極的に選択する機会が得られる。

3.1.2 カーボンクレジットの創出から 利用までのプロセス

カーボンクレジットが創出され、償却に至るまでには、主に4つのステップが存在している。具体的には、「1. 方法論の策定・承認」、「2. プロジェクトの登録」、「3. プロジェクト成果のモニタリング・認証、クレジットの発行」、「4. カーボンクレジットの売買・償却」というステップである。各ステップの具体的な内容は、複数存在するカーボンクレジットの発行主体が、それぞれに運営規定・標準を定めており、それらごとに内容が異なるが、以下では、複数のカーボンクレジットに共通する各ステップの概要を示す。

1. 方法論の策定・承認

方法論とは、排出削減、吸収・除去に寄与する技術ごとに、適用範囲やその成果である排出削減量、吸収・除去量の算定方法、モニタリング方法を規定したものである。例えば、J-クレジットでは、高効率ボイラーの導入やヒートポンプの導入といった省エネルギー施策や、再生可能エネルギー発電所の導入、カーナビシステム導入、造林などの多様な方法論が存在している。

新たな方法論の申請にあたっては、方法論の登録を希望する者がクレジットの運営主体に申請を行うこととなる。その際には、ベースラインの設定が妥当であるか、本当に排出貢献に資するのか、削減量の算定方法は正しいか、モニタリングの方法は適切なのかなどといったことを証明するための客観的な証拠（例えば、査読付きの論文）をあわせて提出することが求められる。

2. プロジェクトの登録

カーボンクレジットの創出を行いたい企業などは、まず、カーボンクレ

ジット発行主体が認める方法論から、自社が取り組むプロジェクトに合致
した方法を選択する（前述では、「1. 方法論の策定・承認」を最初のステ
ップとして紹介したが、自社が取り組むプロジェクトが既存の方法論に合
致する場合は、この「2. プロジェクトの登録」が最初のステップとなる）。

　次いで、選択した方法論に沿った形で、削減施策の実施内容やベースラ
イン、削減施策のモニタリング体制・仕組みなどを記したプロジェクト計
画書を作成する。そして、この計画書をカーボンクレジットの発行主体に
提出をする。プロジェクト計画書を受け取った発行主体は、その内容を審
査し、妥当性が確認されるとプロジェクトとして登録される。なお、発行
主体そのものが審査せず、第三者検証機関がガイドライン・スタンダード
に沿って審査を行うケースも存在する。

3. プロジェクト成果のモニタリング・認証、クレジットの発行

　プロジェクトの運営が開始されると、カーボンクレジットの創出者（プ
ロジェクトの登録者）は、計画書に沿って、排出削減活動を実施、モニタ
リングを行う。そして、その実績に基づき、あらかじめ定めた方法によっ
て排出削減量を算定し、その結果を報告書にまとめて、発行主体に提出す
ることとなる。そして、発行主体は、提出された報告書を検証し、適切と
認められた場合に、カーボンクレジットを認証・発行する。なお、報告書
の検証に際しては、多くの場合、外部の審査機関による審査と認証取得が
求められる。

　クレジットの品質を高めるためには、モニタリングをいかに正確に実施
するかが非常に重要である。例えば、植林や森林の保護などは、客観的な
データから吸収量が増えたことを示すことが難しいケースが多く、正確な
モニタリング方法の設定がクレジットの品質向上のために求められてい
る。なお、この点については、衛星技術を活用したモニタリング方法の開
発などといったイノベーションに期待が寄せられている。

4. カーボンクレジットの売買・償却

　発行されたカーボンクレジットは、基本的に自社グループ内などで償却するか、あるいは他者に販売することが可能である。カーボンクレジットは、排出削減の効果を他者と取引可能な形に化体したものであるため、カーボンクレジットが発行され、他者に売却された場合、そのカーボンクレジットの創出を行った主体は、排出削減の効果を自らのものとして利用・主張することはできなくなる。

　カーボンクレジットの売買にあたっては、従来、相対取引が多かったが、近年では官製と民間の取引市場が整備されてきている。これにより、カーボンクレジットが持つ（方法論、創出地域などの）特性に応じたカーボンクレジットの価格が可視化されつつある。どのような形態で売買がなされようと、不正やダブルカウントなどを避けて、売り手の口座から買い手の口座にカーボンクレジットが正しく移動されることが重要であり、各カーボンクレジットの発行団体や取引所などは、カーボンクレジットのトークン化やブロックチェーン技術を活用した仕組みなどを含め、取引の透明性・公平性を高める取り組みを行っている（カーボンクレジットの取引に関する詳細は4章を参照）。

3.2 カーボンクレジットの分類

　どのようなカーボンクレジットであれ、カーボンクレジットが事業者などの温室効果ガス排出量をオフセットする価値を保有していることに変わりはない。しかしながら、次頁の図3-1で示すように実際に取引されるカーボンクレジットは、その価格が種類ごとに大きく異なっている。このように価格差が生じているのは、活用可能な用途（国内規制に対応しているかなど）や創出された方法論（省エネルギー由来か森林吸収由来かなど）の違いによって価値が異なるとみなされているためである。そのため、カーボンクレジットを論ずるにあたっては、まず、どのような分類があるのか

図3-1　発行メカニズム別カーボンクレジット発行量及び平均価格（2021年度）

図3-1　発行メカニズム別カーボンクレジット発行量及び平均価格（2021年度）

凡例：
□ カーボンクレジット発行量（Mt-CO$_2$e）
─ 平均価格（USD/t-CO$_2$）

	Clean Development Mechanism	Australia Emission Reduction Fund	California Compliance offset Program	Repblic Korea Offset Credit Mechanism	J-Credit	American Carbon Registry	Gold Standard	Verified Carbon Standard
平均価格	1.1	12.7	14.9	29.0	20.8	11.4	3.9	4.2
発行量	59.5	17.1	17.4	5.2	0.9	8.8	43.8	295.1

国際カーボンクレジット ｜ 国・地域のカーボンクレジット ｜ ボランタリーカーボンクレジット

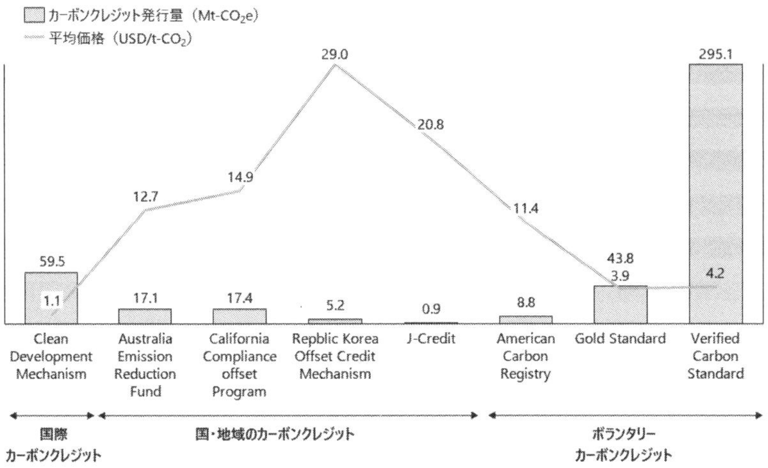

出所）World bank「State and Trends of Carbon Pricing 2022」を基に野村総合研究所作成

を理解することが重要である。本節においては、カーボンクレジットを発行メカニズムとプロジェクトの種類に着目して分類を行い、それらの分類を踏まえた市場トレンドについて述べる。

3.2.1 発行メカニズムによる分類

　発行メカニズムに基づいて、カーボンクレジットは大きく3種類に分類できる。1つ目は、国際条約などを根拠とし、複数国間で流通することが意図されている「国際的クレジットメカニズム」、2つ目は、特定の国・地域の法律などを根拠とし、その管轄内で流通することが意図されている「地域・国家・地方のクレジットメカニズム」、そして、3つ目は、NGOなどの民間の運営団体が独自に運用ルールを定めている「独立的クレジットメカニズム（ボランタリーカーボンクレジット）」である。国際的クレジットメカニズムと地域・国家・地方のクレジットメカニズムは、主に法的に

表3-1 発行メカニズム別カーボンクレジットの分類

分類	公的クレジット		ボランタリーカーボンクレジット
	国際的クレジットメカニズム	地域・国家・地方のクレジットメカニズム	独立的クレジットメカニズム
運営主体	国際機関	各国政府・地方政府・公共団体	NGOなどの民間組織
概要	・国際的な気候条約によって管理されている仕組み ・京都議定書・パリ協定において国家間で約束した排出国の削減目標を達成する手段として位置づけられており、国際条約によって定められた機関によって運用される	・特定の地域や国家間、または各国、地方政府・公共団体によって、独自に管理されている仕組み ・主に、企業などによる各国規制への対応や自主的な削減活動、排出国の削減目標達成に活用される	・国内規制や国際条約によって管理されておらず、主に独立した民間の第三者組織によって管理される仕組み ・企業の自主的な削減活動に活用され、一部各国規制への対応で活用されるケースもある
事例	・JI：Joint Implementation Mechanism ・CDM：Clean Development Mechanism	・JCM：Joint Crediting Mechanism（日本＋他国） ・J-クレジットスキーム（日本） ・China GHG Voluntary Emission Reduction Program（中国） ・Australia ERF（豪州）	・VCS：Verified Carbon Standard ・GS：Gold Standard ・ACR：American Carbon Registry

出所）各種公開資料を基に野村総合研究所所作成

125

定められた義務を達成するために用いられることを目的として設計されている。一方、ボランタリーカーボンクレジットは、一部の例外を除き法令遵守目的では利用できず、企業の自主的な活動への適用が主な用途となっている（表3-1）。

国際的カーボンクレジットメカニズム

　国連の気候変動枠組条約などの国際条約を根拠とし、条約締結国の気候変動目標を達成するために設計されたメカニズムが、国際的カーボンクレジットメカニズムである。以下に、国際的カーボンクレジットメカニズムの変遷と、パリ協定達成に向けた国際的カーボンクレジットメカニズムの動向について述べる。

京都議定書の採択とCDMの創設

　1997年に、気候変動枠組条約京都会議（COP3）で気候変動に対する取り組みのための国際条約である京都議定書が採択された。京都議定書では、先進国41カ国に対して、2008年から2012年の第一約束期間5年間の温室効果ガスの削減目標が定められた。目標達成のためには、国内の気候変動対策事業だけでなく、他国との共同事業により削減した二酸化炭素をその目標の達成に充てることが認められ、その中のひとつの取り組みとして、京都議定書第12条で国連傘下の理事会管理の下にクリーン開発メカニズム（Clean Development Mechanishm。以下、「CDM」）が創設された。

　CDMでは、先進国が発展途上国において資金・技術を供与し、温室効果ガス排出削減プロジェクトを実施すると、その排出削減量に応じたカーボンクレジットが発行される。京都議定書の第一約束期間では、発展途上国が排出削減義務を負わなかったため、主に先進国がカーボンクレジットを取得し、自国の二酸化炭素排出量の削減目標達成に充てるために活用された。2023年2月時点で、制度の開始から累積で約23億t-CO2のクレジットが発行されている。[80]

　CDMは、世界初となる大規模なカーボンクレジットメカニズムの運営であったこともあり、実行を通じて多くの課題も明らかとなった。三菱UFJモルガン・スタンレー証券のレポートによれば、審査が非常に厳格であること、方法論・運用ガイダンスなどが頻繁に改訂されて混乱が生じたこと、プロジェクトの審査実務を担う指定運営組織とCDM理事会の決定が異なり、クレジット創出における不確実性があること、追加性の検証が厳しく求められるため収益率が良いプロジェクトはCDMの認定を受けづらいこと、方法論が再生可能エネルギー発電・メタンガス放出回避に偏っていること、プロジェクト実施地域がアジアに偏っていることなどが課題として挙げられている。[81]

　図3-2に示すように、CDMのニーズは、京都議定書の第一約束期間が終了する2012年前後に急激に拡大した。しかし、これは、京都議定書の目標達成そのもののためだけでなく、2005年から開始されたEU-ETSにおける目標達成にCDMのカーボンクレジットが利用されたことによる影響が大きい。そのため、その後、EU-ETSでCDMの利用が制限されるよ

図3-2　CDMのカーボンクレジット発行量推移

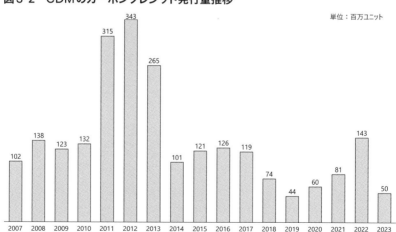

単位：百万ユニット

出所）Clean Development Mechanism を基に野村総合研究所作成

うになると、その取引量は激減し、新規の方法論の登録も非常に限定的になった。CDMの制度自体は現在も継続しているものの、後述のパリ協定における各国のNDC目標達成のためにCDMの利用を想定している国は限定的であり、2021年時点では、パリ協定締結国が提出した排出目標において CDM に言及したは165カ国のうち7%のみであった。[82]

パリ協定におけるカーボンクレジットメカニズム

　2015年には、京都議定書に代わる2020年以降の温室効果ガス排出削減のための新たな国際的な枠組みがCOP21において議論され、パリ協定が採択された。パリ協定では、京都議定書とは異なり、先進国のみならず途上国に対しても自国の排出削減目標（Nationally Determined Contributs。以下、「NDC」）の提出が義務づけられた。また、パリ協定においても、自国の排出削減だけでなく、国際的なカーボンクレジット取引などを活用し、NDCの達成に活用することがパリ協定6条において認められた。

　パリ協定において国際的に取引される削減量については、国際的に移転される緩和の成果（Internationally Transffered Mitigation Outcomes。以下、「ITMOs」）と呼ばれ、パリ協定6条では、主に2項、4項、8項で定められるそれぞれのアプローチごとに定義がなされている。そのうち4項は「市場メカニズム」と呼ばれ、国際機関によって管理・運営されるカーボンクレジットの活用を認めている。また、2項は「協力的アプローチ」と呼ばれ、制度に参加する国の承認を前提に、海外で実現した排出削減・吸収の成果を各国のNDC達成に活用ができるとされている。日本では、2国間クレジット制度（The joint Crediting Mechanism。以下、「JCM」）として知られているが、これは、2国間が管理するメカニズムとして後段で詳細を紹介する。8項は「非市場的アプローチ」と呼ばれ、持続可能な開発のために緩和、適用、資金、技術移転、能力構築などを進めていくアプローチであるが、カーボンクレジットの活用とは異なるため、本書においては割愛する。

　パリ協定6条4項では、パリ協定締約国会議の下に監督機関を設置し、その監督機関がメカニズム運用のための要件策定を行い、実際にプロジェクトの管理やクレジット発行を行う指定運営機関の認定を行うという仕組みになっている。方法論については、CDMの方法論や、その他のクレジットメカニズムの方法論を参照しつつ、監督機関により認定される。また、CDMのメカニズムにおいて2013年以降に登録されたプロジェクトについては、6条4項の国連管理メカニズムへの移行が認められている。

　6条4項の議論は、パリ協定締約国の間でも意見が大きく割れ、議論が紛糾したが、COP26、COP27でそれぞれ開催された第3回、第4回パリ協定締約国会議（Conference of the Parties serving as the meeting of the Parties to the Paris Agreement）において、ようやくの決着をみた。この背景には、「相当調整」の議論において、一部の発展途上国と先進国での意見の対立があったことによるところが大きい。相当調整とは、ホスト国（排出削減プロジェクトが実施されているロケーションの国）での削減量と、オフセット利用国でのオフセット量の合計がプロジェクトによって削減された量と合致するように調整を行うことである（図3-3）。カーボンク

図3-3　相当調整の仕組み（イメージ）

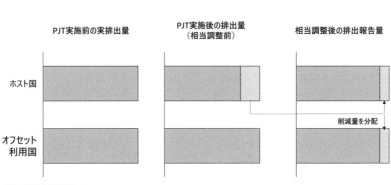

出所）野村総合研究所作成

レジットのダブルカウンティングを防止するためにすべての6条4項メカニズムによるカーボンクレジット対して相当調整を厳密に実施すべきであるという先進国と、少なくともNDCの対象外である方法論によって実施されたプロジェクトによって創出されたカーボンクレジットに対しては相当調整が不要であると主張する一部の発展途上国間で、意見の対立があった。最終的には「創出されたカーボンクレジットをNDC達成や、その他の国際的な目標達成に活用する場合には、ホスト国の承認のもと相当調整が実施されなければならない」が、「ホスト国が承認しない場合には、相当調整は不要だが、NDC達成などの目的には活用できず、ボランタリーカーボンクレジット同様に民間事業者の自主的な目標達成などにのみ活用することができる」という整理となった。

　また、6条4項のメカニズムは、地球環境全体の改善のために排出量を削減することが目的に実施されるものであり、運営に必要な諸経費に加えてプロジェクト実施者が事務局に支払わなければならないコストがある。具体的には、カーボンクレジットの発行量の5%が「収益の配分（Share of Proceeds。以下、「SoP」）」として気候変動に脆弱な開発途上国の被害を軽減させるための適応支援に活用される。また、「世界全体の排出の緩和（Overall Mitigation in Global Emission。以下、「OMGE」）」を促進するために、発行量の2%が取消口座に移転される。

地域・国家・地方のクレジットメカニズム

　地域・国家・地方のクレジットメカニズムは、特定の国・地域の法律などを根拠とし、その管轄内での法的な排出削減義務の達成に活用することを意図して創出されるカーボンクレジットに関する仕組みである。前述のように、京都議定書やパリ協定などにおける国際公約達成のために2国間での合意に基づき実施・運営される2国間クレジット制度と、各国の国内法制度に基づき実施・運用されるカーボンクレジット制度に大別される。

2国間クレジット制度

　前述のパリ協定6条2項では、パリ協定の締結国間の締結内容に従い、カーボンクレジットのプロジェクト実施国での削減量を他国に移転することが認められている。実際の運用は、締結国間での個別の取り決めによって決定されるが、移転可能なカーボンクレジットの定義や相当調整、締結国による報告・レビューなどについては、第3回パリ協定締結国会議で策定されたガイドラインに従わなければならない。

　例えば、6条2項で認められるメカニズムを策定するにあたっては、NDC達成のために最新の国家インベントリを提出するとともに、対象カーボンクレジットをITMOsとすること（つまり、国際的に移転する対象であることを承認すること）や、二重計上などが発生しないように追跡する体制を構築しなければならないこと、排出削減の由来がNDCの対象かどうかによらず、すべてのITMOsに対して相当調整が実施されなければならないことなどが定められている。

　6条2項における2国間クレジット制度は、自国の排出削減だけではNDC達成が困難と考えられる国・地域を中心に積極的に活用されることが想定される。世界銀行のレポートによれば、日本は、京都議定書以降、最も積極的に2国間クレジット制度を活用している国のひとつであり、日本以外にもシンガポールやスイスなどが2国間クレジット制度を積極的に活用している国として挙げられている。[37] 2023年7月現在で日本は既に27カ国と、シンガポール、スイスはそれぞれ9カ国、11カ国とパートナーシップを締結している。[83][84][85][86]

　なお、日本では、JCMとして普及しており、詳細は3.4節で紹介する。

各国・地域内のカーボンクレジットメカニズム

　各国・地域内のカーボンクレジットメカニズムは、自国などの排出削減や排出削減のための技術開発に寄与する方法論を登録させるために独自に発展を遂げた仕組みであり、各国・地域において事業者に課せられた義務

の達成や、排出量削減、除去・吸収に関する新規技術開発・事業開発を支援するために利用されている。そのため、各国・地域の制度によって登録されている発行量、価格、認定の方法論などが大きく異なっている。

　例えば、国全体の排出量が大きい日本（約1,148百万t-CO2）のJ-クレジットの年間発行量が9百万t-CO2に過ぎないのに対し、豪州（約572百万t-CO2）と米国カリフォルニア州（約369百万t-CO2）の公的クレジットの発行量は、どちらも年間約17百万t-CO2と最大規模の水準にある。価格についても各国の制度により大きく異なっており、2023年6月の入札時点では、J-クレジットの価格が3,012円/t-CO2（再生可能エネルギー由来：3,246円/t-CO2とその他（省エネルギー由来など）：1,551円/t-CO2の販売量による加重平均）であったのに対し、豪州、米国カリフォルニア州では、11.9USD/t-CO2から14.9USD/t-CO2（2021年度の価格）であった。また、韓国では、10.7USD/t-CO2から29.0USD/t-CO2で取引されている。このような発行量や価格の違いは、森林由来などの大規模なプロジェクトが創出しやすい地理的環境にあるか否かや、域内の炭素価格の高低や自らの排出削減の困難さ（多排出産業の状況など）などの要因が影響していると考えられる。

　また、認定されている方法論についても、各国・地域によって異なっている。主なクレジット創出源となる省エネルギーや森林に関連した方法論は、大半のメカニズムで認定されているが、（J-クレジットでは多くの発行量を占めている）再生可能エネルギー関連の方法論を認定していないメカニズムも存在している。また、豪州のAustralia Emission Reduction Fundでは、政府全体として気候変動関連の国内産業を育てるためにCCUSやブルーカーボンの方法論を他国の公的クレジットに先駆けて認定しているなど、各国の産業政策も反映され得る。

　一方で、国・地域のカーボンクレジットメカニズムの多くは、各国のNDCに貢献することが目的として設計されている。そのため、原則としてNDCのインベントリに登録されている排出源・吸収源と関係がある方

法論でなければ登録されず、技術的に未成熟で国内のインベントリに登録
されていない新たな方法論（特に、除去・吸収系の方法論）を直ちに登録
することが難しい事例も存在する。例えば、大気中から直接CO_2を吸収
するDACやブルーカーボンなどの新技術による方法論は、排出削減への
貢献が期待されている分野であるものの、日本では、未だNDCインベン
トリに含まれていないことなどにより、J-クレジットの方法論としては登
録がなされていない。

　前述を含む主な国・地域におけるカーボンクレジットメカニズムの概要
について、次頁の表3-2に整理をした。

　現在、一部のキャップ＆トレード型の排出量取引制度においては、カー
ボンクレジットによるオフセットが認められている、あるいは今後認める
ことが検討されている。背景には、今後のネットゼロ実現において重要な
技術としてみなされている除去・吸収系の方法論を確立させるための支援
を行うという意図や、カーボンクレジット創出に関連する自国の事業者を
支援したいという考えがあるものと思われる。

　EUや英国は、DACなどの除去・吸収関連のプロジェクトを支援するた
め、これらをカーボンクレジット化を含めてETS制度に含めることを検
討している。一方で、IEAによれば、DACのコスト（最大で1,000USD/
t-CO_2程度）は、現時点の排出枠の取引価格（EU-ETSでは2022年に最高
でおよそ140USD/t-CO_2）を大幅に上回っていることから、単にカーボン
クレジットを創出するだけでなく、値差を補てんする施策の必要性につい
ても議論されている。[87]また、日本においてもネガティブエミッション市場
創出に関する検討会において同様の支援策について検討がされている。

　カーボンクレジット創出に関連した自国事業者の支援も制度の目的のひ
とつではあるものの、排出量取引制度の趣旨・主要な目的は、あくまで域
内の排出量削減であるため、排出量取引制度において利用可能なカーボン
クレジットは、基本的には国内で創出され、自国のNDC達成に寄与する
カーボンクレジットに限定されている。なお、韓国では、CDMで認定さ

表3-2 主な国・地域におけるカーボンクレジットメカニズム

	Australia Emission Reduction Fund	California Compliance Offset Program	Republic of Korea Offset Credit Mechanism	China GHG Voluntary Emission Reduction Program	J・クレジット
国・地域	豪州	米国カルフォルニア州	韓国	中国	日本
発行主体	クリーンエネルギー規制局 Clean Energy Regulator	カリフォルニア大気資源局 California Air Resources Board	産業通商資源部 Ministry of Trade, Industry and Energy	生態環境部 Ministry of Ecology and Environment	経済産業省、環境省、農林水産省
域内排出量（2020年）	約572百万t-CO$_2$	約369百万t-CO$_2$	約659百万t-CO$_2$	約12,942百万t-CO$_2$	約1,148百万t-CO$_2$
クレジット発行量 年間	約17百万t-CO$_2$ ※2021年7月～2022年6月	約17百万t-CO$_2$ ※2021年	約8百万t-CO$_2$ ※2021年	（新規発行停止中）	約0.8百万t-CO$_2$ ※2022年度
クレジット発行量 累計	約69百万t-CO$_2$	約250百万t-CO$_2$	約32百万t-CO$_2$	約77百万t-CO2	約9百万t-CO$_2$
価格（USD/t-CO$_2$）	11.9-12.7	14.9	10.7-29.0	0.6-8.2	20.9 (3012.9円/t-CO$_2$)*
登録されている方法論 農業	○	○	○	○	○
省エネルギー	○	×	○	○	○
再生可能エネルギー	○	×	○	○	○
森林	○	○	○	○	○
産業・製造業	○	○	○	×	○
運輸	○	×	○	×	○
廃棄物処理	○	×	×	○	○
その他土地利用	○	×	×	×	×
CCUS	○	×	×	×	×
ブルーカーボン	○	×	×	×	×

出所）以下資料を基に野村総合研究所作成
域内排出量：総務省統計局「世界の統計2023」、World Bank Open Data
クレジット発行量：各制度ホームページ、Environmental Defense fundSinoCarbon Innovation & Investment Co., Ltd「ANALITYTICAL REPORT ON THE STATUS OF THE CHINA GHG VOLUNTARY EMISSION REDUCTION PROGRAM」、韓国 Offset Registry System
価格：World bank「State and Trends of Carbon Pricing 2022」より2021年の取引価格を参照、J-クレジット制度事務局「J-クレジット制度について（データ集）」（2023年6月）の入札結果を加重平均かつ1USD=144円として算定
方法論：各制度ホームページ、Exchange, Environmental Defense fund, The Guanzhou Emissions「The Internationalization of the China GHG Voluntary Emission Reduction Program」、韓国 Offset Registry System

表3-3 主な国・地域における公的制度でのカーボンクレジット活用状況

種別	国・地域	制度名	対象となるカーボンクレジット	現状・今後の検討状況
排出権取引	欧州	EU-ETS	—	・海外で創出された国際クレジットについてはフェーズごとにプロジェクト実施国、方法論、利用上限を設定されていたが、フェーズ1から制約が厳しくなりフェーズ4（2021～2030年）でのカーボンクレジットの利用は想定されていない ・排出量取引における除去・隔離の取扱いの可能性を検討している
	英国	UK-ETS	—	・将来的にGHG除去（GGR）技術による削減量をETS取引対象とする方針を提示し、コンサルテーションを実施 ・取り扱い方法（排出枠、クレジット）や金銭的補助については2023年下期以降に検討を本格化
	米国	California Compliance Offset Program	制度認証クレジット(ARB offset credit)のみ利用可能	・Air Resources Board（ARB）が指定した方法論ごとに整理された基準「Air Resources Board (ARB) Compliance Offset Protocol」を策定し、同基準を充たすカーボン・クレジットのみ使用可能 ・プロジェクトの登録・報告・検証を支援し、クレジットを発行する登録機関として、ACR・CAR・Verraの3社が営業登録
	豪州	Safeguard Mechanism	国内クレジット(ACCUs)のみ利用可能	・国際クレジットについても、費用対十全性を有し、相当調整したカーボンレジットの創出・活用について、バイ・ニューヨークなどの周辺国と連携（2021年） ・豪州の気候当局に貢献する国際クレジットの適用の可能性について、2023年後半に検討する予定
	韓国	K-ETS	国内クレジット（KOC）及び2016年6月1日以降に韓国企業が関与したCERを利用可能	・韓国国内の関与については、韓国企業が所有権・議決権の20%を出資している、あるいはプロジェクトコストの20%以上が韓国企業であることなどの要件設定 ・フェーズ1、フェーズ2（2018～2020年）では最大10%、フェーズ3（2021～2025年）では、5%までのオフセットが認められている
炭素税	シンガポール	シンガポール炭素税	—	・シンガポールに拠点を置く企業は、2024年以降、課税対象となる炭素排出量の最大5％を高品質な国際的な炭素クレジットにより相殺することが認められる ・CDM、二国間クレジットなどの国際クレジットだけでなく、Verra及びGSとゴールドスタンダードアンプリ市場でのクレジット利用に関するMoUを締結し、制度への活用を検討 ・クレジットの要件に関する詳細は2023年下半期に公表される予定

出所）各国／制度ホームページ及び各種公表情報などを基に野村総合研究所作成

れた海外で創出されるカーボンクレジットの活用を認めているが、韓国企業が所有権、営業権、議決権株式の20％以上を所有していること、総事業費の20％以上に相当する低炭素技術を韓国企業が供給していることのいずれかの条件を満たしたカーボンクレジットでなければならないと定められている。[88]

　前述を含む主な国・地域における公的制度でのカーボンクレジット活用状況について、表3-3に整理した。

独立的クレジットメカニズム（ボランタリーカーボンクレジット）

　独立的クレジットメカニズムは、NGOなどの民間の運営団体が独自のルールにより運用するカーボンクレジットメカニズムであり、そこで発行されるカーボンクレジットは、法制度上の義務達成に活用される公的なカーボンクレジットと対比して「ボランタリーカーボンクレジット」と呼ばれる。ボランタリーカーボンクレジットは、政策的な制約などがない分、基本的に自由度が高い仕組みとなっており、多くの事業者に積極的に活用されてきた。ボランタリーカーボンクレジットの運営・発行主体は、自らのカーボンクレジットの品質向上や新たな方法論の登録などにより、他の運営・発行主体によるボランタリーカーボンクレジットとの差別化を図っている。

　表3-4に、現在グローバルに流通している主要なボランタリーカーボンクレジットを示す。以下では、これらのうち、特に創出・流通量の多い代表的なボランタリーカーボンクレジットとしてVerified Carbon Standard（以下、「VCS」）とThe Gold Standard（以下、「GS」）について詳しく紹介する。

VCS：Verified Carbon Standard

　VCSは、2005年に持続可能な開発のための世界経済人会議（World Business Council For Sustainable Development。以下、「WBCSD」）や

表3-4 主なボランタリーカーボンクレジットの概況

		VCS	GS	ACR	CAR	Plan Vivo
発行主体		VERRA	Gold Standard	Winrock International	Climate Action Reserve	Plan Vivo Foundation
概要		2005年にWBCSDやIETAなどの団体が設立した認証基準であり、世界で最も年間取引量が多い	2003年にWWFなどの国際的なNGOが設立した認証基準であり、世界で2番目に年間取引量が多い	Winrock Internationalが1996年に設立した世界初のボランタリーカーボンクレジットの認証基準	2001年に創設された。California Climate Action Registryを起源に持つ認証基準であり、カリフォルニア州における排出量取引制度においても活用可能	スコットランドの慈善団体Plan Vivo Foundationにより運営される認証基準であり、2014年には世界初のブルーカーボンプロジェクトの認証を実施
クレジット発行量	年間	約295百万t-CO$_2$ ※2021年	約40百万t-CO$_2$ ※2021年	約21百万t-CO$_2$ ※2021年	約11百万t-CO$_2$ ※2021年	約2百万t-CO$_2$ ※2021年度
	累計	約1,100百万t-CO$_2$	約238百万t-CO$_2$	約248百万t-CO$_2$	約170百万t-CO$_2$	約7百万t-CO$_2$
価格(USD/t-CO$_2$)		4.2	3.9	11.4	2.1	11.6
登録されている方法論	農業	○	○	○	○	○
	省エネルギー	○	○	○	○	×
	再生可能エネルギー	○	○	○	○	×
	森林	○	○	○	○	○
	産業・製造業	○	○	○	○	×
	運輸	○	×	○	×	×
	廃棄物処理	○	○	○	○	×
	その他土地利用	×	○	○	○	○
	CCUS	○	○	○	×	×
	ブルーカーボン	○	×	×	×	○

出所)概要、方法論:各メカニズムのウェブページを基に野村総合研究所作成
クレジット発行量:各メカニズムのウェブページ及び各年次報告を基に野村総合研究所作成
価格:World bank「State and Trends of Carbon Pricing 2022」を基に野村総合研究所作成

国際排出量取引協会（International Emissions Trading Association。以下、「IETA」）などが設立した温室効果ガス削減・吸収プロジェクトに対する認証基準・制度であり、現在は、米国のNPOであるVerraによって運営・管理されている。Verraは、VCS以外にもプラスチック廃棄物削減のためのプロジェクトを認証するPlastic Waste Reduction Programや、生態系保全のためのプロジェクトを認証するCCB Standardsなどの認証制度も有する団体である。[89]

VCSは、2023年7月時点で2,000以上のプロジェクトから累計約11億t-CO2のクレジットを発行しており、世界で最も累計発行量と年間発行量が多いボランタリーカーボンクレジットである。[90]登録されている方法論も多様であり、REDD+（途上国における森林減少・森林劣化に由来する排出の抑制、並びに森林保全、持続可能な森林経営、森林炭素蓄積の増強）に関連するプロジェクトや湿地保全による排出削減プロジェクなどを含むカーボンクレジットの主要方法論を網羅している。また、CCUSなどの新たな方法論についても、積極的に登録に向けた検討を行っている。

VCSは、品質においても優れたものであると評価をされており、企業の自主的なオフセットに加え、米国カルフォルニア州における排出量取引制度や、国際民間航空のためのカーボン・オフセットと削減スキーム（Carbon offsetting and Reduction Scheme for International Aviation。以下、「CORSIA」。詳細については3.3.2を参照）などのコンプライアンス市場においても活用が認められている。

GS：The Gold Standard

GSは、2003年に世界自然保護基金（World Wide Fund for Nature。以下、「WWF」）などの国際的な環境NGOが設立した認証基準・制度であり、現在は、スイスに拠点を置くThe Gold Standardによって運営・管理されている。2022年末時点で、約2,900のプロジェクトから累計約2億3,800万t-CO2分のクレジットを発行しており、年間発行量はVCSに次いで世

界で2番目に多いボランタリーカーボンクレジットである。

　もともとは、CDMプロジェクトの質を保証することを念頭においた認証基準であり、CDMプロジェクトの本来の目的である「温室効果ガス削減に寄与すること」、「ホスト国の持続可能な発展に貢献すること」が必ずしもCDMプロジェクトの実施を通して達成されていないという問題意識から設立された。[91] その後、2006年には、CDMのように法的拘束力のある制度下で実施されるプロジェクトに加えて、法的拘束力を持たないプロジェクトの認証も開始した。

　GSは、再生可能エネルギーや森林といった従来主流であった温室効果削減・吸収プロジェクトに加え、2023年5月には、大気中のCO_2を除去するCDR（Carbon Dioxide Removal）関連のプロジェクトについてもクレジット創出対象として追加する方針を発表している。[92] GSのクレジットは、企業の自主的なオフセットのほか、CORSIAなどにおいても活用が認められており、今後さらなる需要の拡大が期待される。

3.2.2 プロジェクトの種類による分類

　カーボンクレジットを創出するプロジェクトの種類による分類としては、排出回避/削減（以後、削減系）と除去/固定吸収（以後、除去・吸収系）の2種類があり、それぞれについて自然ベースの取り組みと技術ベースの取り組みに分類することができる（次頁の表3-5）。

　削減系のプロジェクトは、何らかの取り組みを実施することで、その取り組みがなければ追加的に発生していたであろう温室効果ガスの排出量を回避・抑制するというものであり、除去・吸収系については、既に大気中に存在している温室効果ガスを吸収・除去するというものである。例えば、同じ森林への働きかけであっても、森林を保護し現時点よりも森林面積を減らさないために実施されるプロジェクトであれば削減系、植林などの森林をさらに増やすために実施されるプロジェクトであれば吸収系という分

表3-5　プロジェクト種類別カーボンクレジットの分類

ベース	排出回避/削減 自然ベース	排出回避/削減 技術ベース	除去/固定吸収 自然ベース	除去/固定吸収 技術ベース
現行の主なプロジェクト例	・REDD+* ・森林保護 ・泥炭地保護 ・沿岸域（マングローブ林など）の保護 など	・再エネ導入 ・高効率機器の導入などによる省エネ促進 ・エネルギー効率改善・燃料転換 ・輸送効率の改善 ・廃棄物管理 など	・森林再生 ・農地での植林 ・泥炭の復元 ・沿岸域修復 ・再生農業 など	—
今後拡大が期待されるプロジェクト例	・海洋環境の保護による炭素排出増大の防止 など	・グリーン水素 ・SAF ・グリーンセメント など	・海洋環境の改善 など	・Direct Air Carbon Capture and Storage（DACCS） ・Bioenergy crops with Carbon Capture and Storage（BECCS） など

Reducing emissions from deforestation and forest degradation and the role of conservation, sustainable management of forests and enhancement of forest carbon stocks in developing countriesの略称
出所）TSVCM Final Report(2021)及び経済産業省「カーボンクレジットレポート」(2022)を基に野村総合研究所作成

図3-4　プロジェクト種類別のボランタリーカーボンクレジット発行量及び平均単価

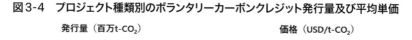

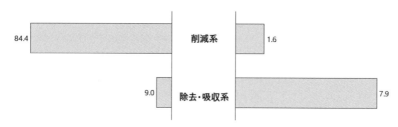

発行量（百万t-CO₂）		価格（USD/t-CO₂）
84.4	削減系	1.6
9.0	除去・吸収系	7.9

出所）Ecosystem Marketplace"Markets in Motion State of the Voluntary Carbon Markets 2021 installment1" (2021) を基に野村総合研究所作成

類になる。

　また、森林・海洋などの自然環境に対して働きかけるプロジェクトか、人類の産業活動などを通じて人工的に取り組むプロジェクトかによって、自然ベース・技術ベースという区分がなされている。例えば、森林や熱帯雨林の保護・環境改善の取り組みは自然ベースのプロジェクトであり、再生可能エネルギーの導入やDACの導入などの取り組みは技術ベースのプロジェクトである。

　図3-4は、ボランタリーカーボンクレジットにおける削減系、除去・吸収系の発行量・価格について分析をしたものである。これにより、現時点では、発行量について削減系が除去・吸収系を大きく上回っていることがわかる。これは、削減系が省エネルギー・再生可能エネルギー設備などの既に成熟した技術の活用を主としていることもあり、プロジェクトの組成、カーボンクレジットの発行が比較的容易であるためであると考えられる。

　一方、価格については、除去・吸収系のほうが高額であり、市場においては除去・吸収系の方法論・プロジェクトのほうが削減系よりも価値が高いと捉えられている。削減系のプロジェクトは、大気中に既に存在しているCO2を減らすことにつながる除去・吸収系のプロジェクトと異なり、将来的な排出量を減らすに過ぎないこと、ベースラインの設定の甘さなど

により実際の削減量よりも多くのカーボンクレジット発行につながりかねないこと、既に確立されている技術によって実行可能であるため、未成熟な技術への投資というカーボンクレジットの目的を果たしていないことなどにより、削減系のカーボンクレジットがグリーンウォッシュであると批判されることもある。一方で、除去・吸収系のカーボンクレジットは、大気中に存在している CO_2 を除去することができるため、気候変動への貢献がより大きいとみなされ、国際標準化機構（International Organization for Standardization。以下、「ISO」）のネットゼロガイドラインや科学的知見と整合した目標に関するイニシアティブ（Science-Based Targets Initiative。以下、「SBTi」）などの国際イニシアティブにおいても利用が認められている（詳細は3.3.2を参照）。

　実際、ボランタリーカーボンクレジットの発行団体の最大手であるVCSやGSは、前述のように、除去・吸収系の技術に関する方法論の登録に向けた検討を進めてきている一方で、2019年には、一部の削減系の方法論によるカーボンクレジットの発行を制限するように基準を改訂した。これにより、既にカーボンクレジットなしでも導入が進む再生可能エネルギー、省エネルギー系のプロジェクト（後発発展途上国を除く）については、新規プロジェクトの登録ができなくなっている。[89][93]

3.2.3 発行メカニズム別の市場トレンドと 市場拡大の要因

　以上、カーボンクレジットの分類について述べてきたが、以下では、前述の分類を踏まえたカーボンクレジットの市場トレンドの推移を概観し、現在の市場拡大のドライバーであるボランタリーカーボンクレジットの市場拡大の要因について述べる。

　カーボンクレジットが世界的に注目を集めたのは、1997年に締結された京都議定書においてCDMが認められ、先進国の目標達成に向けた手段

図3-5 発行メカニズム別のカーボンクレジット発行量の推移

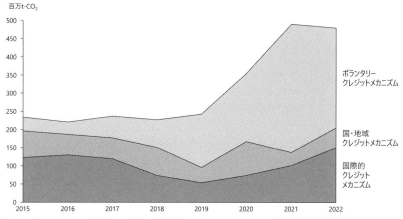

百万t-CO_2

出所）The World Bank"Carbon Pricing Dashboard"を基に野村総合研究所作成

のひとつとして導入されたことがきっかけである。CDMの制度自体には、前述のような問題点があったものの、これにより気候変動対策に経済的手法を導入することの意義が世界的に示されたといえる。

　また、その後、先進国を中心に排出削減の取り組みが独自に進められ、その一環として、国・地域独自のカーボンクレジット制度が整えられていった。しかし、世界銀行によれば、2021年時点で発行量の多い上位3つの各国・地域のカーボンクレジットの発行量は、世界全体のカーボンクレジット発行量の9.8％に過ぎず、国際カーボンクレジット市場における国・地域独自のカーボンクレジットのシェアは高くない。[94]

　一方、CDMのプロジェクトの組成に関与していたNGO・NPOなどを中心にボランタリーカーボンクレジットを独自に発行する動きが、2000年代の後半ごろから始まった。一部の先進企業が国家よりも高い排出削減目標を独自に掲げ、その目標達成にカーボンクレジットを活用するようになったため、ボランタリーカーボンクレジットの市場が急速に拡大し、2010年代の後半には、国際と各国・地域で利用される公的カーボンクレ

ジットの発行量を上回ることとなった。マッキンゼーによれば、2020年時点でカーボンクレジット市場の大半を占める約9,500万t-CO2ものボランタリーカーボンクレジットが償却されており、今後、ボランタリーカーボンクレジット市場は、さらに拡大を続け、2030年には15億〜20億t-CO2、2050年には70億〜130億t-CO2にまで拡大すると予測されている。[95]

　このように、急速にボランタリーカーボンクレジット市場が拡大をしてきており、また、今後も拡大していく見通しである。この要因としては、「1. 各社の脱炭素目標の強化とその達成に向けた取り組みにおいてカーボンクレジットが活用さていること」、「2. ボランタリーカーボンクレジットを活用した製品・サービスが市場で受け入れられていること」が考えられる。

1. 各社の脱炭素目標の強化と達成に向けた取り組み

　近年、多くの事業者が脱炭素に向けた目標を立てるだけではなく、実行的な計画の策定にも着手してきている。例えば、2015年に設立されたSBTiは、「企業版のパリ協定」とも呼ばれており、各企業へ2℃目標、1.5℃目標にコミットメントし、その実現に向けた計画を策定することを求め

図3-6　SBTiへのコミットメント・認定事業者数の推移

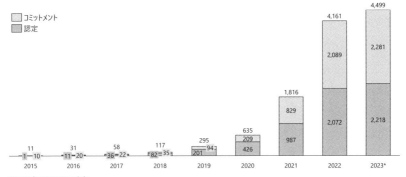

*2023年は1月31日時点
出所）Science Based Target データベースを基に野村総合研究所作成

144

図3-7　主要グローバル企業の脱炭素目標設定及びカーボンクレジット活用状況

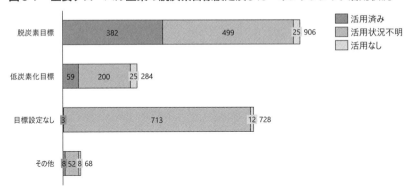

* Forbes 2000に掲載されている企業に掲載されている1986社を対象にデータ収集が行われているデータベースにおける目標設定状況について、"Carbon neutral(ity)", "Climate neutral", "Climate Positive", "Carbon Negative", "Net Zero", "Zero Emissions", "Zero Carbon"については脱炭素目標、"Absolute emissions target", "Emission reduction target", "Emissions intensity". "Science-based target", "1.5℃ Target"を低炭素化目標、"No target"を目標設定なし、"Other"をその他とした
出所）Net Zero Tracker データベース（2023年7月11日時点）を基に野村総合研究所作成

　る国際的なイニシアティブである。このSBTiにコミットメントした事業者、そのコミットメントを達成するための計画の承認を受けた事業者の数は年々増加をしてきている。特に、直近数年間で急増してきており、2023年1月時点で4,499社となっている（図3-6）。

　SBTiは、必ずしもカーボンクレジットによるオフセットに対して積極的ではないといわれることもあるが、こうした脱炭素目標にコミットしている事業者の中には、自らの排出削減の取り組みを進めつつも、カーボクレジットを購入・創出し、自社の排出量をオフセットすることによっても、目標達成に向けて進捗をしていることを示す事業者も多く存在している。図3-7に示すとおり、国際NGOであるNet Zero Trackerによれば、Forbes 2000に掲載される事業者で脱炭素目標を設定している906社のうち約43％に当たる382社がカーボンクレジットを活用しており、多くの事業者が目標達成に向けてカーボンクレジットの活用に期待をしているといえる。また、同様にCarbon Market Watchが世界主要企業24社の気候変動戦略を分析したCoporate Climate Reponsibility Monitorによ

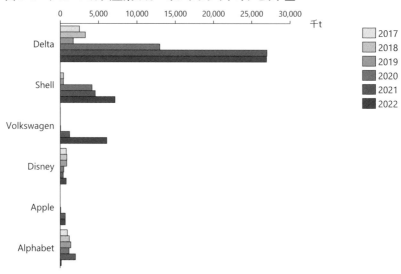

図3-8　グローバル大企業のカーボンクレジットオフセット量

千t

2017
2018
2019
2020
2021
2022

出所）各企業サステナビリティレポート及び各社CDP回答を基に野村総合研究所作成

　れば、分析対象の約4分の3の企業が自社排出量に占める相当な量をオフセットすることを計画しているとされている。[96]実際、図3-8に示すようにDeltaやAlphabet、Appleなどの世界的な大企業がカーボンクレジットを購入し、オフセット量を増加させてきている。

　なお、カーボンクレジットを外部から購入するのみの事業者がいる一方、自らカーボンクレジットの創出やプロジェクト運営に関与し、グリーンウォッシュを回避しつつ、高い品質のカーボンクレジットを創出していることをサステナビリティレポートなどで開示している事業者もいる。例えば、Appleは、自社の環境報告書においてカーボンクレジットによるオフセット量を明確に示すだけでなく、カーボンクレジット創出への取り組みとしてケニアのChyulu Hillにおけるプロジェクトに出資していることを記載し、質の高いカーボンクレジットの創出にコミットする姿勢を示している。[97]このように、一部の先進企業は、クレジットの購入・利用だけでなく、

その質を高めていく取り組みなどに対しても積極的である。

2. カーボンクレジットを活用した製品・サービス

　事業者がカーボンクレジットを自社の事業そのものに活用するというケースも増えてきている。具体的には、特定の製品・サービスの上流（製造工程など）から下流（製品の消費、サービスの利用など）に至るまでにおける排出量の総量をカーボンクレジットによってオフセットすることで、「カーボンニュートラルな製品・サービス」として販売するという活用方法が近年増加してきつつある。これらの「カーボンニュートラルな製品・サービス」は、事業者に対して製品・サービスに新たな付加価値をのせた販売を可能とするだけでなく、消費者に対して環境に良い製品・サービスという新たな選択肢を提示し、消費者の行動変容を促すことにもつながり得る。

　例えば、石油大手のShellは、自社の販売するLNGについて、ガスの採掘・生産から最終消費者による燃焼までの間に発生するCO_2の総量を算定し、自然由来のカーボンクレジットによってオフセットしたカーボンニュートラルなLNGを2019年から販売している。日本でも東京ガスが当該製品を調達し、顧客に販売している。[98]また、同様にカーボンニュートラル潤滑油も2022年から販売するなど、ラインナップを拡充している。[99]また、出光興産も、2021年に日本〜中東間の原油輸送における排出量を算定し、それに相当するカーボンクレジットを償却し、排出量をオフセットすることで、カーボンニュートラルな海上輸送を実現している。[100]また、同社は、INPEXと連携し、航空機用ジェット燃料の原油生産、輸送、精製などのプロセスにおける排出量を算定し、カーボンクレジットによりオフセットすることで、航空会社がカーボンニュートラルなフライトを行うことを支援するサービスも提供した実績がある。[101]

3.3 ボランタリーカーボンクレジットの
普及拡大に向けた課題と対応策

　3.2節で述べたように、近年、ボランタリーカーボンクレジットのニーズは拡大している。しかし、ボランタリーカーボンクレジットは、これまで順風満帆に成長し続けてきたわけではなく、その仕組みや運用については、多くの批判も寄せられている。そこで、本節においては、ボランタリーカーボンクレジットの課題を整理し、普及促進に向けた新たな取り組み・対応策について述べる。

3.3.1 ボランタリーカーボンクレジットの
普及拡大に向けた課題

　ボランタリーカーボンクレジットの創出・利用は、近年、大きく増加をしてきているが、一方で、「ボランタリーカーボンクレジットの創出・管理」、「ボランタリーカーボンクレジットの利用」の両側面から、批判の声も高まってきている（表3-6）。

　具体的な例を挙げると、「カーボンクレジットの創出・管理」の側面に関して、まず、「現在、多くの企業が利用している再生可能エネルギー由来のカーボンクレジットは、再生可能エネルギーの発電コストが従来の火力発電の発電コストを既に下回っている国のプロジェクトによるものであり、排出削減に貢献していない」との批判が多く聞かれる[102]。また、森林由来のカーボンクレジットであっても、その吸収効果を正確に評価することは困難であり、実際の削減量よりも多くのカーボクレジットを創出してしまうということもあり得る。米国のNPOであるCarbon Planによれば、「地域ごとに森林の単位面積当たりに貯留されている炭素量の平均を基準とし、それよりも貯留量が多ければ、クレジットを創出するという方法論を策定していたが、実際の炭素貯留量は土地、森林の種類により異なって

表3-6 カーボンクレジットに関する批判の例

カーボンクレジット 創出・管理	方法論の認定	・ 適切なベースラインの認定が行われておらず、実際の排出削減、吸収されたCO_2の量よりも多くのクレジットを創出してしまっているのではないか ・ 追加性の認定基準が緩く、そのプロジェクトが行われなくても排出削減、吸収に寄与しないのではないか
	永続性の担保	・ 特に、自然ベースのプロジェクトにおいて、吸収したCO_2を永続的(100年以上)に固定・貯留し続けることを担保することなく、カーボンクレジットを発行しているのではないか
	MRVの不徹底	・ プロジェクトの成果の測定、報告、検証が適切に行われていないのではないか ・ 第三者検証などによる客観性の確保が欠如しているのではないか
	ダブルカウント	・ 発行されたクレジットがダブルカウントされることで実際の排出削減吸収量よりも多くのクレジットが償却されることになっていないか ・ 管理するための仕組みが構築されているか
カーボンクレジットの 利用	周辺環境・社会への 悪影響	・ プロジェクトを運用した結果、かえって周辺の環境や社会に悪影響を及ぼしているのではないか
	自社の削減努力の 欠如	・ 削減目標の達成にあたり、より安価で確実な手段であるカーボンクレジットによるオフセットに頼り、自らの排出量を削減する努力を怠っているのではないか
	購入時の確認不足	・ カーボンクレジットの購入にあたり、クレジットの品質などを十分に確かめることなく、あるいは低品質であることを理解しながら、安価なカーボンクレジットを大量に購入しているのではないか

出所) 野村総合研究所作成

いるため、実際の削減効果以上のクレジットを創出することができてしまっている」という事例も存在する。[103] 周辺環境・社会への悪影響を及ぼす事例として、熱帯雨林の植林のための土地を確保するために地域住民を強制的に立ち退きさせるといった人権侵害を伴う事例も報告されている[104]。

　さらに、国際環境NGOであるGreenpeaceは、「ボランタリーカーボンクレジットの利用」の側面から、「カーボンクレジットが実際の気候変動対策の代替品となってしまい、本来行われるべき対策が取られていない」という、そもそもクレジットに頼り過ぎるべきではないという批判を挙げている[105]。

　不適切なカーボンクレジットの利用がある場合、環境NGOや金融機関などからの批判を受けるのみでなく、消費者が事業者を訴える事態にまで発展し、事業者のブランドを大きく毀損してしまうこともあり得る。例えば、欧州の乳製品メーカ大手のアーラフーズは、自社製品に『Net Zero Climate Footprint』であるとするラベル付けを行って販売を行っていたが、スウェーデンの裁判所の判決により、その言葉の使用が禁止された。判決理由によると、アーラフーズが植林などのカーボンクレジットを使って製品の排出をオフセットしていたものの、その植林による炭素吸収・貯留が100年以上続く保証がなく、永続性を欠くという理由によるものであった[106]。また、Delta航空は、環境に良いフライトをPRし、航空券を販売していたが、その実態は、低品質なカーボンクレジットによるオフセットによるもので、環境に良いフライトであるとの主張は虚偽であるとして2023年に10億ドルの賠償請求が提訴された[107]。このように不適切なカーボンクレジットの利用は、事業に大きなマイナス影響をもたらすリスクがある。

3.3.2 ボランタリーカーボンクレジットの
普及拡大に向けた対応策

　前述のように批判が集められているとはいえ、ボランタリーカーボンクレジットが脱炭素を実現するうえでの有望な施策のひとつであることは揺るぎない。カーボンクレジットには、CO_2排出を削減し、吸収するためのプロジェクトに資金を回すという役割があり、また、構造的に排出量をゼロにすることが難しい産業がカーボンニュートラルを達成するために重要な手段でもある。そのため、カーボンクレジットを活用して排出量のオフセットを行うという仕組み自体は否定されるべきものではない。

　そのため、前述のような批判に対応し、ボランタリーカーボンクレジットの市場をさらに発展・拡大させていくために、種々の検討が進んできている。それらの検討は大きく、「1. カーボンクレジットの質向上と利用用途拡大」、「2. 適切な情報開示と市場透明性の確保」、「3. カーボンクレジット市場の成熟化」という方向性で進んでいる。このうち、「3. カーボンクレジット市場の成熟化」については、カーボンクレジットの先物取引や流通プラットフォームの拡大などを含意しているが、詳細は4章で述べるため、そちらを参照いただきたい。以下では、1点目と2点目についての詳細を述べる。

1. カーボンクレジットの質向上と利用用途拡大

　ボランタリーカーボンクレジットによるオフセットについて、当初は、利用ルール、ガイドラインが必ずしも明確でないまま事業者の利用が進んできたといえる。しかし、経済産業省のカーボン・クレジット・レポートでも言及されたように、多様な認証主体・方法論があるなかで、それぞれの違いが不明確で、その価値をどのように外部のステークホルダに主張すればよいのかがわからず、利用を躊躇する事業者も生じてきている。[15] そのため、ボランタリーカーボンクレジット市場にも一定の規律が必要である

151

と考えられ、高品質なカーボンクレジットについての定義を行おうとする動きが進んできている。また、クレジットを創出する側にだけでなく、活用する側に対しても規律をもたらせるように、カーボンクレジットの利用について適切な情報開示のあり方を進めるような検討も行われている。

　高品質なカーボンクレジットの定義については、共通的なカーボンクレジットの基準を策定する動きと、国際イニシアティブや個別のコンプライアンスのそれぞれの枠組みの中で認められるカーボンクレジットを具体化する動きが存在している。これらの検討は、相互に影響し合っており、昨今では、特にボランタリーカーボンクレジットの利用を認めることとしているCORSIAの検討が他の団体・組織の検討に対しても影響してきている。

ボランタリーカーボンクレジットの基準策定・ネットゼロにおける位置づけの整理

　共通的なカーボンクレジットの基準づくりとしては、ボランタリーカーボンクレジットの質の高さについての定義づけと、その認定フレームワークを示している「自主的炭素市場の拡大に関するタスクフォース (Task-force on Scaling Coluntary Carbon Market。以下、「TSVCM」)」の取り組みが代表的である。また、カーボンクレジットの位置づけが不明確であることから、利用を躊躇する事業者に対して、ネットゼロの定義におけるカーボンクレジットの位置づけを明確化することで利用を促進しようとする取り組みとして、ISOによる定義についても紹介する。

TSVCM（自主的炭素市場の拡大に関するタスクフォース）

　TSVCMは、元イングランド銀行総裁で、国連機構アクション・ファイナンス特使であったマーク・カーニー氏が、ボランタリーカーボンクレジット市場の拡大を目的として2020年に設立したタスクフォースである。TSVCMは、2021年に公表されたPhase2のレポートにおいて、カーボン

表3-7　Core Carbon Principlesの10原則

A. ガバナンス	効果的なガバナンス
	追跡可能性
	透明性
	独立した第三者機関による妥当性の検証・監査
B. 排出量へ の影響	追加性
	永続性
	排出削減量と除去量の確実な定量化
	二重計上（二重発行・移住請求・二重使用）の回避
C. 持続可能 な開発	持続可能な開発の影響とセーフガード
	ネットゼロへのトランジションに対する貢献

Forbes 2000に掲載されている企業に掲載されている1986社を対象にデータ収集が行われているデータベースにおける目標設定状況について、"Carbon neutral(ity)","Climate neutral","Climate Positive","Carbon Negative","Net Zero","Zero Emissions","Zero Carbon"については、脱炭素目標、"Absolute emissions target","Emission reduction target","Emissions intensity"."Science-based target","1.5℃ Target"を低炭素化目標、"No target"を目標設定なし、"Other"をその他とした
出所) ICVCM"Core Carbon Principles, Assessment Framework and Assessment procedure"(March 2023)に基づき野村総合研究所作成

　クレジットの質を決定するためには、次の3点が重要であるとの提言を行った。1点目は、カーボンクレジットを発行している各プログラムそのものを評価するためのフレームワークを定めること、2点目は、方法論別にカーボンクレジットの質の高さを評価するためのガイドラインを策定すること、そして、3点目は、カーボンクレジットに追加属性（Additional Attributes）を記載することである。

　この1点目、2点目の提言を実現するために、自主的炭素市場十全性評議会（The Integrity Council for Voluntary Carbon Markets。以下、「ICVCM」）がカーボンクレジットのプログラムと方法論を審査するための10原則（表3-7）を2023年3月に発表した。[108]ここで公表されたものはあ

くまで原則であり、実際の審査に向けたガイドラインは今後詳細化されていくとされ、2023年度中には、評価に向けた申請を開始することが目指されている。ICVCMに申請されたプログラムと方法論は、その適格性を審査され、基準を満たしていると判断されると Core Carbon Principle（以下、「CCP」）適格のラベルを取得することができる。

　3点目である追加属性は、カーボンクレジットが発行されたプロジェクトに関する追加的な特徴を特定するために活用されるものと定義されている。そして、追加的な特徴として、カーボンクレジットの買い手が価値を認め得る3種類の属性が示されている。なお、これらの追加的な特徴は、今後の検討により追加される可能性もある。

　まず、1種類目の属性は、「パリ協定6条に基づくホスト国の承認」である。承認とは、パリ協定6条4項に関して採択されたガイダンスに基づき、そのカーボンクレジットを「国際的な緩和目的」に利用できるとホスト国が認めることである。つまり、承認されたカーボンクレジットについては、NDCの達成に活用可能であるということになる。次いで、2種類目の属性は、「適用のための収益の分配」である。カーボンクレジットの発行量・収益の一部が徴収され、特に、脆弱な後期発展途上国の気候変動への適応を支援するために活用されるものが該当する。例えば、パリ協定6条4項のメカニズムでは、発行されたカーボンクレジットの5％を徴収することが義務づけられているが、6条2項のガイドラインでも「収益の分配」を2国間協定に組み込むことが推奨されており、ボランタリーカーボンクレジットにおいても同様の取り組みを実施していた場合には、より付加価値が高いといえる。そして、3種類目の属性は、SDGsへのポジティブな影響である。この属性は、クレジットを生み出す緩和活動が気候変動以外の要素を含む持続可能な開発に対して、ポジティブな貢献をしているかどうかを示したものである。緩和活動が実施国の持続可能な開発の優先事項と整合したものになっていることが求められる。

ISO（国際標準化機構）

　国際標準化機構（International Organization for Standardization。以下、「ISO」）は、2022年のCOP27において、ネットゼロガイドラインを発表した。ネットゼロガイドラインは、事業者がネットゼロを宣言するに当たっての妥当性を判断するための指針を策定したものである。[109]当該指針では、ヒエラルキーアプローチが採用され、事業者は、一義的には自らの排出削減を進めることが求められており、削減努力が完了したあとの残余需要のみをカーボンクレジットでオフセットすることを認めている。残余需要については、業種によって異なるものの、基準年度の排出量の5〜10％が上限とされている。また、オフセットに活用できるカーボンクレジットは、除去・吸収系のみであり、削減系のカーボンクレジットの利用は認められていない。

　なお、当該ガイドラインはあくまでネットゼロについて定めた指針であり、ISOの基準として認定されたものではない。ただし、ISOでは、ISO14068 カーボンニュートラルの定義・基準についても検討を進めており、2024年にリリースされる見込みである。

ボランタリーカーボンクレジットのイニシアティブ・コンプラ市場への活用
CORSIA（国際民間航空のためのカーボン・オフセットと削減スキーム）

　CORSIAは、国際民間航空機関（International Civil Aviation Organization。以下、「ICAO」）が国際航空からのCO_2排出削減に向けた目標を決定した際の達成手段として規定した市場メカニズムである。削減目標達成のために、航空事業者は自社の排出量に応じたオフセット義務量の割当が行われる。2021年から2023年のパイロットフェーズ、2024から2026年の第1フェーズまではICAO加盟国の判断による自主的な参加となるが、2027年以降は小規模排出国や後発発展途上国を除き、すべてのICAO加盟国に所属する事業者にオフセットを行う義務が課せられる。CORSIA事務局が認定したプログラムの方法論のみがオフセットに利用可能であり、

表3-8 CORSIAで利用可能なカーボンクレジットの適格性基準

プログラムの設計要素	クレジットの十全性に関する評価基準
・ 明確な方法論、プロトコル並びに開発プロセスがあること ・ プログラムの種類ごとのセクター、ロケーションなどの適格性基準が満たされているなどのスコープが明確に定義され、公表されていること ・ カーボンクレジットの発行・償却に向けた手順が整備され、公表されていること ・ カーボンクレジットの特定・トラッキングが可能であり、そのプロセスが公開されていること ・ ユニットの基本的属性とアセットとしての側面が定義・保証され、プロセスが公開されていること ・ プログラムの妥当性を確認し、検証する基準とそのプロセス、第三者検証の認定における要件と手順が整備され公開されていること ・ プログラムの運営者・意思決定機関について公表していること ・ プログラムの透明性を確保し、パブリックコメントによる一般参加を進めること ・ 環境・社会的リスクに対処するためのセーフガード規定を設け、公開されていること ・ 持続可能な開発への貢献や、そのためのMRVの規定を公表すること ・ ダブルカウンティングの回避などに対策について受けた対策についての情報を提供すること	・ 追加性のあるプログラムであること ・ 現実的で信頼性のあるベースラインに基づく算定が行われること ・ カーボンクレジットの発行の基準となる削減・吸収・除去の効果が定量化され、その算定・報告・検証が行われること ・ 明確で透明性のある一環した管理が行われること ・ 永続的な排出削減効果があること、仮に反転リスクがある際には、緩和措置が取られること ・ プロジェクトの実施によって他の場所での排出量の増加（リーケージ）を伴わないようにするため評価を行うこと、仮にリーケージが発生する場合、その影響の緩和がなされること ・ 二重の発行、利用、償却が発生しないように、カーボンクレジットのカウントは一度のみであること ・ 社会的・環境的な損害を生じさせないプロジェクトによってカーボンクレジットが発行されること

出所）ICAO"CROSIA Emissions Unit Eligibility Criteria"(2023)を基に野村総合研究所作成

表3-9　CORSIA パイロットフェーズで利用可能なカーボンクレジット

プログラム名	主な対象地域	分類
American Carbon Registry	米国	ボランタリーカーボンクレジット
Architecture for REDD+ Transaction	主に発展途上国	ボランタリーカーボンクレジット
China GHG Voluntary Emission Reduction Program	中国	公的カーボンクレジット
Clean Development Mechanism	世界全体	公的カーボンクレジット
Climate Action Reserve	世界全体	ボランタリーカーボンクレジット
Forest Carbon Partnership Facility	主に発展途上国	ボランタリーカーボンクレジット
Global Carbon Council	世界全体	ボランタリーカーボンクレジット
The Gold Standard	世界全体	ボランタリーカーボンクレジット
Verified Carbon Standard	世界全体	ボランタリーカーボンクレジット

出所）ICAO"CORSIA Eligible Emissions Units 9th Edition"(March 2023)を基に野村総合研究所作成

　プログラムの設計要素、カーボンクレジットの十全性に関する評価基準を満たしているカーボンクレジットのみが適格となる（表3-8）。2023年7月現在では、パイロットフェーズ向けに9つのプログラムが適格性の認定を受けている（表3-9）。なお、J-クレジットもCORSIA 適格の認定獲得に向け2022年に申請を行ったが、CORSIA の基準内容と部分的にしか整合していない分野があり、再申請を要するという判定であった。これを受けて、改善内容を検討し、2023年3月に再申請を行っている（執筆当時）[110]。

SBTi（科学的知見と整合した目標に関するイニシアティブ）

　SBTiが発表した「企業のネットゼロ基準」によれば、ネットゼロの達成に向けてカーボンクレジットの利用は非常に制約されている[111]。そもそも、短期目標においてカーボンクレジットによるオフセットをカウントしてはならないとされている。カーボンクレジットは、長期的に達成すべき1.5℃、あるいはネットゼロ目標を達成するために自社の排出削減努力を徹底した

うえで、それでも削減ができない残留排出量を中和するための選択肢に過ぎないとされている。また、その際に利用できるカーボンクレジットは除去・吸収系のみであり、削減系の利用は認められていない。なお、事業者が自社のバリューチェーンの外、つまり、自社の排出量算定とはまったくの関係なしに、世界全体の排出量を削減を促進するための資金提供手段としてカーボンクレジットを利用することは認めている。

2. 適切な情報開示と市場透明性確保

前述のように、カーボンクレジットの創出側及びその活用を認め、国際イニシアティブなどにおいてカーボンクレジットの品質を高めていく取り組みが進められている。これらの取り組みを受けて、カーボンクレジット利用事業者の情報開示と市場の透明性を高める動きも進められている。以下では、事業者にボランタリーカーボンクレジットの活用方法についてのガイドラインをまとめた自主的炭素市場十全性イニシアティブ（Voluntary Carbon Markets Integrity Initiative。以下、「VCMI」）と、金融市場向けの非財務情報開示の文脈でカーボンクレジットの議論が行われている国際サステナビリティ基準審議会（International Sustainability Standard Board。以下、「ISSB」）を取り上げる。

VCMI（自主的炭素市場十全性イニシアティブ）

VCMIは、2021年に英国政府によって設立され、ボランタリーカーボンクレジットなどによる自主的炭素市場（ボランタリーカーボンクレジット市場）の信頼性を高め、事業者の市場参加を推進することでパリ協定の目標達成を目指すことを目的としている。VCMIは、検討の成果として、企業による健全なクレジットの活用と、自社のオフセットに関する主張の信頼性向上を目的にした指針「Provisional Claims Code of Practice」を2022年に公表した。[112] また、2023年には、供給側のボランタリーカーボンクレジット市場へのかかわりを支援するツールキット「VCM Access Strategy

Toolkit」を公表した。

　Provisional Claims Code of Practiceでは、カーボンクレジットの活用
に向けた準備から実際の活用に至るまで4つの段階に分け、事業者が取る
べき行動をまとめている。4つの段階とは、「1．市場参加の前提条件」、「2.
実施したい主張の特定」、「3．高品質なカーボンクレジットの購入」、「4.
カーボンクレジットの活用」である。以下に、それぞれの段階に関する概
要を述べる。

Step1　市場参加の前提条件

　事業者は、カーボンクレジットを利用する以前に、自社の中長期の目標
を設定することが要求される。これは、単に購入したカーボンクレジット
の情報を正しく、詳細に開示するというだけでなく、そもそも自社の気候
変動に関する戦略を策定したうえで、カーボンクレジットによるオフセッ
トが、その戦略上でどのような位置づけであるのかを示すことが重要であ
るとの考えによるものである。また、ヒエラルキーアプローチに則り、ま
ずは自社での排出削減を進め、残余排出についてカーボンクレジットでオ
フセットするべきであるという立場をVCMIはとっている。中長期の目
標設定は、以下の5点を条件に実施されなければならない。

・事業者は、2050年までにScope1・2だけでなく、Scope3まで含めたネ
　ットゼロの目標を設定し、公表すること。
・SBTiのガイダンスに従い、中間目標を継続的に設定し、公表し続ける
　こと。
・目標の達成に向けた計画・戦略についての詳細な情報を提供すること。
　提供する情報には現在利用している、あるいはこれから利用するカーボ
　ンクレジットについての情報や、ISSBなどの既に確立されているガイド
　ラインに準拠し、関連するリスクと機会についての情報などが含まれる
　こと。

- GHGプロトコルに準拠し、Scope1・2・3をカバーしているインベント
  リを維持すること。
- 企業のアドボカシー活動がパリ協定の目標と一致し、野心的な気候変動
  の規制を妨げないことを宣言すること。

Step2　実施したい主張の特定

　事業者が行う主張については、企業全体のレベルでのネットゼロのコミ
ットメントへの進捗に関する主張と、ブランド・製品・サービスレベルで
の主張があり得る。企業全体の進捗については、Step1で設定した中間目
標の達成状況に基づいて3つのランクに分けられている。それぞれのラン
クはScope1・2とScope3の中間目標の達成状況と達成後の残余排出への
オフセット状況で定義される。表3-10にあるように、自社で設定した削
減目標はカーボンクレジットのオフセットなしに達成することが求められ
ており、カーボンクレジットはScope3、しかも2030年の過渡期までに
限定された用途での利用のみが認められている。また、中間目標達成後の
残余排出については、カーボンクレジットによるオフセットを行うことと
されており、地球全体での排出削減の加速が求められている。
　必ずしも企業全体としてはカーボンニュートラルを達成しなくても、カ
ーボンニュートラルなブランド、製品、サービスについての主張を行うこ
とは認められている。ただし、その主張を行うにあたっては、下記の条件
を遵守していなければならない。

- Step1にある目標を企業全体としては設定していること。
- GHGプロトコルや、それに準ずるガイドラインに沿ってライフサイク
  ル全体の排出量をカバーするインベントリを公開可能な状態にしておく
  こと。
- GHGプロトコルなどの適切な基準に沿って、実際のライフサイクル全
  体の排出量、あるいは排出源単位を証明すること。

表3-10　Provisional Claims Code of Practiceにおける中間目標達成状況に
応じたランク

	中間目標への進捗		中間目標達成後の残余排出への対応
	Scope 1・2	Scope 3	
VCMI Gold	・ 目標達成見込み	・ 目標達成見込み	・ 残余排出の全量をカーボンクレジットによりオフセット
VCMI Silver	・ 目標達成見込み	・ 目標達成見込み	・ 残余需要の一定割合をカーボンクレジットでオフセット ・ 初年度は20%であり、次第に設定割合は上昇
VCMI Bronze (2030年まで)	・ 目標達成見込み	・ 目標が一部未達である場合、中間目標達成に必要な排出量の50%までをカーボンクレジットによりオフセット ・ なお、2030年以降はカーボンクレジットの利用を認めない	・ 残余需要の一定割合をカーボンクレジットでオフセット ・ 初年度は20%であり、次第に設定割合は上昇

出所）VCMI"Provisional Claims Code of Practice"(2022)を基に野村総合研究所作成

- 高品質なカーボンクレジットで残余排出についてオフセットを行うこと。
- 適用されるすべての規制を遵守したうえで、既存の法律や標的な商慣習を遵守する以上の自発的な成果に言及すること。
- 誤った印象を与えたり、活動の環境への有益な影響を誇張しないこと。
- 信頼できる独立した第三者による検証を通じて、前述要件をすべて満たしていることを証明すること。

Step3　高品質なカーボンクレジットの購入

　VCMIは、高品質なカーボンクレジットについて詳細な定義は行っておらず、CORSIAやICVCM、パリ協定6条といった本章でこれまで述べてきた国際イニシアティブなどの関連ガイダンスを参照するように求めている。一方で、高品質なカーボンクレジットについて、基本的な要件については定義を行っており、次の5点を挙げている。

- 信頼可能な運営機関によって発行されたカーボンクレジットであるこ

と。

- 追加性がある、信頼できる独立した第三者によるMRVが実施される、永続性・リーケージリスクに対応した活動により創出されるといった条件を満たす高い環境品質があること。
- 差別やジェンダー、健康、教育、十分な生活環境といった人権を侵害しない活動により創出されること。
- 平等を促進し、社会的なセーフガードに合致し、社会・経済にポジティブな影響を示すことができる活動により創出されること。
- 環境品質を維持、高めることに貢献する活動により創出されること。

Step4　カーボンクレジットの利用についての透明性のある報告

　排出削減とカーボンクレジットのオフセットに関する主張を裏づけるためには、透明性のある報告が不可欠である。そのため、すべての情報が一般に入手可能な年次報告や、それに類似する報告書によって公表されることが求められる。そして、カーボンクレジットについて情報を開示する際に、次の6点の内容が含まれていることを求めている。

- 購入・償却したカーボンクレジット量、中間目標達成後の残余排出に対してオフセットした割合。
- 活用したカーボンクレジットの発行団体名、プロジェクト名、クレジットのIDなど。
- ホスト国（プロジェクトが実施された国）。
- カーボンクレジットのビンテージ。
- 方法論・プロジェクトの種類。
- 相当調整の有無とカーボンクレジットの帰属する国（どの国のNDCに適用可能か）についての情報と、その証明に必要な文書。

ISSB（国際サステナビリティ基準審議会）

　ISSBは、サステナビリティ情報開示のニーズが高まるなかで開示基準が乱立していることを受けて、サステナビリティ情報開示についての国際的なスタンダードを策定することを目指して、2021年にIFRS財団によって設立された。ISSBは、2023年6月に、サステナビリティ情報開示基準の最終版を公表した。[113]現在、世界的にサステナビリティ情報開示の基準を統一する動きがあるが、米国証券取引委員会、EU主導の開示基準と並んでISSBの取り組みは注目を集めている。これらのどの開示基準もTCFDの枠組みであるガバナンス、戦略、リスクマネジメント、指標と目標の4本柱を基礎としており、類似する点も多い。ISSBについては、最終版の公表後すぐにシンガポール政府が上場企業に対して2025年以降のISSBに準拠したサステナビリティ情報開示を義務づけることを発表している。また、日本のサステナビリティ基準委員会もISSB基準をベースとして情報開示基準の議論を行っていることから、取りまとめが行われる予定の2025年3月以降は、日本企業に対してもISSBの取り決めが与える影響は大きくなると考えられる。

　カーボンクレジットのオフセットに関連してISSBの取り決めは、「排出目標についてカーボンクレジットなどによるオフセットの有無を明記することが求められている」、「カーボンクレジットの品質を判断するための要素について開示すべき事項が例示されている」という特徴を持つといえる。

　まず、ISSBによれば、温室効果ガスの排出目標を設定する際に、その目標がグロス（総量）目標なのか、カーボンクレジットなどの活用によるネット（正味）での目標なのかを特定しなければならない。また、ネットの目標を設定する際には、グロスの目標についても開示し、どちらの目標を定めているのかを明確にしなければならない。つまり、カーボンクレジットを活用するにあたっては、目標に対してどの程度の量をカーボンクレジットによるオフセットによって達成するのかについて明確に示すことが求

められている。

　また、活用するカーボンクレジットについても、その品質が高いものであることを示されなければならない。具体的には、活用されるカーボンクレジットのプロジェクトの種類や、どの第三者スキームにより認定・認証されたカーボンクレジットであるのかについて明確にすることが求められている。プロジェクトの種類については、自然ベースか技術ベースのどちらか、また、削減系、除去・吸収系のいずれかであるかなどの情報が含まれている。カーボンクレジットの品質そのものについては、詳細に論ずることを避けているものの、報告書の読み手がカーボンクレジットの信頼性・十全性を理解するために必要な要素は記載されなければならないとしており、要素としてカーボンクレジットの永続性が例示されている。

3.4 カーボンクレジットの国内動向

　前節までは、世界的なカーボンクレジットの動向を中心に論じてきたが、本節では、日本国内における主要なカーボンクレジットについて紹介し、日本国内におけるカーボンクレジットの今後について述べる。

3.4.1 日本における主要なカーボンクレジット

　本項では、日本国内における主要なカーボンクレジットとして公的カーボンクレジットであるJCM、J-クレジットに加えて、政府が支援しているボランタリーカーボンクレジットであるJブルークレジットの動向を紹介する。

JCM（2国間クレジット制度）

　JCMは、日本の優れた脱炭素技術・製品などを発展途上国（パートナー国）において普及させ、その結果得られた温室効果ガスの削減・吸収に対する貢献をJCMクレジットとして取得し、自国の削減目標の達成に活用

表3-11 JCMにおける主な方法論

対象国	主なセクトラルスコープ	方法論登録件数	方法論の例
インドネシア	エネルギー・産業・需要、製造業	28件	・セメント工業における排熱回収による発電 ・製油所における省エネ効率最適化
ベトナム	エネルギー・供給・産業・需要、運輸	15件	・デジタルタコグラフシステム導入による輸送エネルギーの効率化 ・電槽化成設備の導入
タイ	エネルギー・産業・需要、製造業	17件	・オイルフリー・多段階空気圧縮機の導入による省エネルギー ・高効率繊維機の導入
カンボジア	エネルギー・産業・需要、森林保全	5件	・無線ネットワーク制御付きLED街路灯システムの導入 ・森林保全を通じた森林劣化及び減少の防止
ミャンマー	エネルギー・産業・需要、廃棄物処理及び処分	5件	・都市ゴミの焼却による発電と埋立処分場ガス排出の回避 ・もみがら発電の導入
モンゴル	エネルギー・供給・産業	3件	・系統電力における省エネルギー型送電線の導入 ・温水供給システムのための高効率熱供給ボイラの導入及び代替
コスタリカ	エネルギー・産業・需要	3件	・太陽光発電システムの導入 ・温水給水システムのためのヒートポンプ式電気給湯器の導入
エチオピア	エネルギー・産業・需要	3件	・小水力発電による無電化地域の電化 ・バイオマス・コージェネレーションの導入
バングラディッシュ	エネルギー・産業・需要	4件	・高効率遠心ターボ冷凍機の導入による省エネ ・太陽光発電システムの導入
ケニア	エネルギー・産業・需要	3件	・小水力発電による電化 ・流れ込み式小水力発電所の導入
ラオス	エネルギー・産業・需要、森林保全	4件	・高効率なデータセンターの設置と運用 ・配電網における高効率変圧器の導入
フィリピン	エネルギー・産業	3件	・流れ込み式水力発電の導入 ・太陽光発電システムの導入
モルディブ	エネルギー・産業	2件	・太陽光発電システムの導入
メキシコ	エネルギー・産業	1件	・太陽光発電システムの導入
チリ	エネルギー・産業・需要	3件	・太陽光発電システムの導入
パラオ	エネルギー・需要	1件	・小規模太陽光発電システムの導入
サウジアラビア	エネルギー・需要	1件	・高効率電解槽の導入

出所）JCM「JCM Methodologies data」を基に野村総合研究所作成

することを目的とした制度である。2013年に運用が開始された。2023年9月時点では、101件の方法論がJCMプロジェクトとして登録されており（表3-11）、累計約13万t-CO2のJCMクレジットが発行されている。[114]

　JCMクレジットの発行にあたっては、JCMプロジェクト実施者が日本とパートナー国の代表者からなる合同委員会にクレジットの発行を申請し、合同委員会による承認に基づき、政府によりクレジットが発行される。発行されたJCMクレジットは、パートナー国政府、パートナー国側のプロジェクト参加者、日本国政府、日本側のプロジェクト参加者などへ配分される。JCMのプロジェクト実施に向けては、経済産業省、環境省がそれぞれ設備補助事業を実施しているが、この補助を受けることでプロジェクトのイニシャルコストを抑制することができる代わりに、日本側で発行されるJCMクレジットは日本政府に配分されることとなる。

　これまでに登録されている方法論の大半がエネルギー産業・需要に関連した再生可能エネルギー発電所・省エネルギー機器の導入であり、日本企業のインフラ輸出、サービス・ソリューションの海外展開に対する経済的支援としての側面も大きかったといえる。

　途上国における具体的なJCMプロジェクトの事例として、ローソンがインドネシアで実施した「コンビニエンスストア省エネルギープロジェクト（2013年採択）」を紹介する。本プロジェクトは、インドネシアにおける12店舗のコンビニエンスストアを対象に、高効率インバータエアコン、自然冷媒を用いた高効率冷蔵・冷凍ショーケース、発光ダイオード（LED）照明を導入することにより、消費電力量とCO2排出量を削減することを目的として実施された。2014年3月から2016年5月に実施した温室効果ガス排出量のモニタリングにおいて、本プロジェクトの実施により計195t-CO2の温室効果ガス削減効果があると報告され、計195t-CO2のJCMクレジットが発行された。なお、日本に対しては、126t-CO2のJCMクレジットが配分された。[115]

　このように、これまでも活発にプロジェクト組成が行われてきたJCM

だが、前述のパリ協定採択を受け、2022年4月には、JCMクレジットの相当調整手続きに関するルールも定められ、相当調整がなされたJCMクレジットは、自国のNDC達成への活用できることとなった。[116]あわせて2021年10月に閣議決定された「地球温暖化対策計画」では、JCMの実施により2030年度までの累積で1億t-CO2程度の国際的な温室効果ガスの排出削減・吸収量の確保を行うという目標が示された。[117]そして、本目標達成に向け、「①パートナー国の拡大」と「②民間資金を中心としたJCMプロジェクトの拡大」が進められている。これらの動向について以下に紹介する。

①パートナー国の拡大

2022年6月に閣議決定された「新しい資本主義のグランドデザイン及び実行計画・フォローアップ」において、2025年を目途にパートナー国を30カ国とする目標が示された。[118]直近では、2023年7月にキルギスとパートナー国としての協力関係を構築し、日本のパートナー国は計27カ国となっている。目標の達成に向け、引き続きパートナー国の拡大が見込まれる。

②民間資金を中心としたJCMプロジェクトの拡大

これまで82件のプロジェクトがJCMプロジェクトとして登録されているが、これらは日本政府による資金支援のもと組成されるプロジェクトが中心であった。[119]しかし、政府資金を活用したプロジェクトでは、補助金適正化法などの関係規定や実施スケジュールなどを踏まえる必要があり、プロジェクト組成にあたって一定の制約が存在する。そのため、今後のさらなるJCMプロジェクトの拡大にあたっては、このような政府資金を中心としたプロジェクトのみではなく、より柔軟性の高い民間資金を中心とした民間プロジェクトの組成が重要となる。

このような背景を踏まえ、環境省、経済産業省、外務省は、民間資金を

中心とした JCM プロジェクトの促進を目的に、2023年3月に「民間資金を中心とする JCM プロジェクトの組成ガイダンス」を策定・公表した。[120]本ガイダンスにより、民間事業者の JCM プロジェクト組成における予見可能性が高まるため、さらなる民間資金を中心とした JCM プロジェクトの拡大が期待される。

J-クレジット

　J-クレジット制度は、2008年10月より経済産業省主導で開始された「国内クレジット制度」と、2008年11月より環境省主導で開始された「オフセット・クレジット（J-VER）制度」が2013年に統合して誕生した制度である。国内の温室効果ガス削減・吸収のさらなる拡大に向け、制度としての発展を目指した背景があり、現在は、経済産業省、環境省、農林水産省によって運営されている。

　当初は2030年までの時限的な制度であったものの、2021年に閣議決定された温暖化対策計画において、2050年のカーボンニュートラル実現に向けた分野横断的な重要施策として位置づけられたこともあり、2030年以降も存続することとなった。温暖化対策計画では、日本国内の多様な主体による省エネルギー設備の導入や再生可能エネルギーの活用による排出削減対策、森林管理による吸収源対策を推進していくための重要なツールであると考えられている。また、J-クレジットなどを活用し、カーボンオフセットされた製品・サービスを社会に普及させ、消費者などが脱炭素型ライフスタイルへと転換していくためにも活用が期待されている。[117]J-クレジットの活用への期待が増大するとともに、発行目標についても大幅な増加も期待されており、2030年度までの J-クレジット認証量の目標値は、2016年の地球温暖化対策計画では651万 t-CO2 であったのに対して、2018年には1,300万 t-CO2、2021年には1,500万 t-CO2 と目標が引き上げられている。

　制度開始以後、J-クレジットのプロジェクト件数と認証量は年々増加

図3-9　J-クレジットの認証量・プロジェクト登録件数の推移

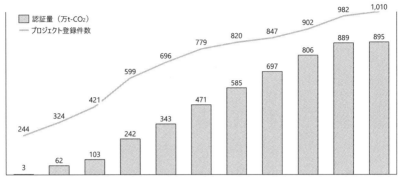

注) 旧制度からの移行分を含む *2023年度は、第55回認証委員会(2023年6月28日開催)時点の実績
出所)J-クレジット制度事務局「J-クレジット制度について(データ集)」(2023年6月)を基に野村総合研究所作成

図3-10　J-クレジットの政府入札販売落札価格の推移

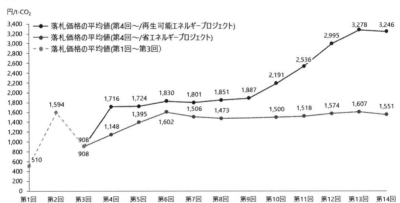

出所)J-クレジット制度事務局「J-クレジット制度について(データ集)」(2023年6月)を基に野村総合研究所作成

してきている。2013年度にはプロジェクト登録件数244件、認証量3万t-CO2だったが、2023年6月時点では、それぞれ1010件、895万t-CO2にまで拡大している(図3-9)。また、需要の高まりに伴い、再生可能エネルギープロジェクトを中心にJ-クレジットの価格も上昇傾向にある。J-クレ

ジットの入札販売における平均落札価格をみると、2016年6月に行われた第1回入札では、省エネルギー・再生可能エネルギーを合わせて510円／t-CO2であったのに対し、2023年5月に行われた第14回入札では、省エネルギー 1,511円／t-CO2・再生可能エネルギー 3,246円／t-CO2にまで上昇した（図3-10）。[121]

　J-クレジットの発行にあたっては、J-クレジット制度で承認されている方法論に基づくプロジェクトを実施のうえで、プロジェクト実施による温室効果ガス排出削減量・吸収量のモニタリング結果について認証委員会の承認を得る必要がある。J-クレジット発行の対象となっている方法論として、再生可能エネルギー由来、省エネルギー由来、森林由来などの方法論がある（方法論の一覧は表3-12を参照）。2022年12月には、水素・アンモニアに関連する新たな技術に基づく方法論も策定されるなど、J-クレジット発行の対象となる方法論は拡大傾向にある。[122] ただし、現状登録されている方法論のうち大半が削減系の方法論であり、除去・吸収系の方法論は「バイオ炭の農地利用」、「森林経営活動」、「植林活動」、「再造林活動」の4種類しか認定されていない。国内でもDACなどの新たな除去・吸収系の活動の事業化に向けた取り組みは進んでいるものの、J-クレジットは、日本政府のパリ協定のNDCと連動することが前提になっているため、国としての排出量を算定するインベントリに登録されていない方法論は認定できないことなどが要因であるといえる。

　J-クレジットの利用目的は、主に「国内の法規制などへの活用」、「国際イニシアティブへの報告」、「事業者の自主目標達成への活用」、「個別の製品・サービスのオフセット」の4点が挙げられる。

　まず、「国内の法規制などへの活用」として、特に地球温暖化対策の推進に関する法律（以下、「温対法」）と、エネルギーの使用の合理化等に関する法律（以下、「省エネ法」）が対象となり得る。温対法では、事業者が自社の事業による排出について報告を行う義務を負っており、J-クレジットによるオフセットによって自社の排出量・排出係数の調整を行うことが

表3-12 J-クレジット制度に登録されている方法論

分類	方法論の件数	方法論の例	
省エネルギー	41件	省エネルギー設備の導入・更新	・ボイラーの導入 ・ヒートポンプの導入 ・空調設備の導入 ・照明設備の導入 ・コージェネレーションの導入 ・変圧器の更新 ・電気自動車・プラグインハイブリッド電気自動車の導入
		オペレーション最適化	・エコドライブ支援機能を有するカーナビゲーションシステムの導入及び利用 ・海上コンテナの陸上輸送の効率化 ・共同配送への変更 ・エネルギーマネジメントシステムの導入
		その他	・非再生可能エネルギー由来水素・アンモニア燃料による非化石燃料など又は系統電力の代替
再生可能エネルギー	11件		・太陽光発電設備の導入 ・風力発電設備の導入 ・再生可能エネルギー由来水素・アンモニア燃料などによる化石燃料などの代替又は系統電力の代替 ・水素燃料電池車の導入（再生可能エネルギー由来水素利用）
工業プロセス	5件		・マグネシウム溶解鋳造用カバーガスの変更 ・麻酔からのN_2Oガス回収・分解システムの導入 ・液晶TFTアレイ工程におけるSF_6からCOF_2への使用ガスの代替 ・温室効果ガス未使用絶縁開閉装置などの導入 ・機器のメンテナンスなどに使用されるダストブロワー缶の温室効果ガス削減
農業	5件		・牛・豚・ブロイラーのアミノ酸バランス改善飼料の給餌 ・家畜排泄物管理方法の変更 ・茶園土壌への硝化抑制剤入り化学肥料又は石灰窒素を含む複合肥料の施肥 ・バイオ炭の農地利用 ・水稲栽培における中干し期間の延長
廃棄物	3件		・微生物活性剤を利用した汚泥減容による、焼却処理に用いる化石燃料の削減 ・食品廃棄物などの堆肥化から堆肥化への処分方法の変更 ・バイオ潤滑油の使用
森林	3件		・森林経営活動 ・植林活動 ・再造林活動

出所）JCM「JCM Methodologies data」を基に野村総合研究所作成

可能である。省エネ法では、共同省エネルギー事業の報告や定期報告における非化石エネルギー使用割合に活用することができる。ただし、前者の目的で活用できるのは、省エネルギー関連の方法論によって創出されたJ-クレジットのみである。

次いで、「国際イニシアティブへの報告」についても、CDP質問書への回答やSBT、RE100への報告に活用可能であるが、再生可能エネルギー電力・熱由来のJ-クレジットのみが報告対象となっている。また、前述のとおり、日本発着便の航空機の排出に対するオフセットへの活用を前提にCORSIA適格プログラムへの申請も行われている。一度はガバナンスなどの項目が要件を満たさないとして判断されたものの、再申請に向けた準備が進められている。[110]

さらに、「事業者の自主目標達成への活用」に関して、2023年度から運用が始まるGX-ETSの第1フェーズにおいては、自らが掲げた自主目標の達成のために、J-クレジットによるオフセットが上限なしに認められている。こうした活用が進む場合、J-クレジットの需要が大きく増加する可能性も想定される。

最後に、「個別の製品・サービスのオフセット」については、自社の製品・サービスの製造／提供・利用にあたって排出されるCO_2を特定・算定し、それに相当する量のJ-クレジットをオフセットすることで顧客にカーボンニュートラルな製品・サービスを提供するというものである。例えば、コニカミノルタは、デジタル印刷機を導入する顧客に対して製品ライフサイクル全体で排出されるCO_2量を算定し、相当量のJ-クレジットをコニカミノルタジャパンが提供することで、顧客はCO_2排出量が実質ゼロになる製品を利用できるというサービスを提供している。[123]

以上のような利用目的への対応により、今後、J-クレジットの需要が拡大することが想定される。そのため、高まる需要に対応するために、現在、J-クレジットの供給拡大に向けたさまざまな活性化施策が検討・実施されている。その代表例として、埋没している環境価値の顕在化による供給拡

大に関する取り組みが挙げられる。例えば、森林保全や植林、再造林は、J-クレジットの方法論として認められていることから、全国の森林整備法人などへの制度活用の働きかけや、モニタリングの簡素化などによる負担軽減といった施策によるクレジット創出の増加が図られている。また、中小企業向け省エネルギー設備導入時におけるクレジット創出の顕在化や、国・自治体の補助金によって生じた環境価値をJ-クレジットとして取り込むことによる供給量の増大も期待されている。さらに、小規模な排出削減活動を束ねて申請できるようなプログラム型の登録も認めるような制度改正によるクレジット創出も進められている。本来であれば、個々の排出削減活動の実施者がJ-クレジットのプロジェクト申請を行うことが基本であるが、排出削減活動により得られる削減量が小規模となる場合は、J-クレジットの申請コストに対して得られる創出量が少なく、クレジット創出のための申請に至らないケースが多く想定される。そのため、複数の削減・吸収活動をひとつのプロジェクトとして登録することを認める制度が導入された。これにより、個々の削減活動の実施者が申請や削減結果のモニタリングといった負担を負わずにJ-クレジットの創出が可能となり、家庭部門における取り組みなどの小規模な排出削減活動の集合体としてのクレジット創出が進められるようになった。[124]

　また、水素、アンモニア、二酸化炭素回収・貯留（CCS）などの新たな技術を活用した方法論を策定し、技術開発と新市場創出を支援することによるJ-クレジット供給拡大の取り組みも進められている。実際に、2022年には、水素、アンモニアの利用が方法論として新たに登録された。[125]このほかにも、手続きの電子化による利便性確保や他の国内制度との連携、自治体との連携なども検討されており、今後も多様なアプローチでのJ-クレジットの活性が期待される。[126]

Jブルークレジット

　Jブルークレジット制度は、これまで主流であった陸上における気候変

動対策のみならず、ブルーカーボン生態系（炭素を取り込む海洋生態系）によるCO2吸収をはじめとした沿岸域・海洋における気候変動対策についても拡大することを目的に、ジャパンブルーエコノミー技術研究組合によって2020年度より試行的に開始された。沿岸域・海洋におけるCO2削減・吸収プロジェクトがJブルークレジット創出の対象であり、沿岸域・海洋におけるブルーカーボン生態系の創出や生態系の回復、維持、劣化抑制などのプロジェクトが認められている。ブルーカーボン（海洋生態系に取り込まれる炭素）は、2021年6月に経済産業省などにより具体化された「2050年カーボンニュートラルに伴うグリーン成長戦略」において、以下のとおり位置づけられており、ブルーカーボンによるCO2の吸収・貯留量についても国連気候枠組条約などへの反映を目指すことが示されている。

「ブルーカーボンについては、2023年度までに海藻藻場によるCO2の吸収・貯留量の計測方法を確立し、国連気候変動枠組条約等への反映を目指すとともに、産・官・学による藻場・干潟の造成・再生・保全の一層の取り組みを推進する。このことは、沿岸域での生物多様性の回復にも寄与する。また、新たなCO2吸収源として、水素酸化細菌の大量培養技術等の革新的な技術開発を推進する。さらに、海藻や水素酸化細菌の商業利用を進めるとともに、カーボンオフセット制度を利用した収益化を図り、CO2吸収を自律的に推進する[127]」。

また、国土交通省が設置した「地球温暖化防止に貢献するブルーカーボンの役割に関する検討会」においても、ブルーカーボンを国のインベントリへ反映することを目指した議論が行われており、試行的にブルーカーボン関連プロジェクトのクレジット創出を行ってきたJブルークレジットのさらなる発展が期待されている[128]。

具体的なJブルークレジット創出事例として、ウニミノクス、大分うにファーム、NPO法人名護屋豊かな海づくり会、ENEOSホールディングスにより実施された「大分県名護屋湾・磯丸ブルーカーボンプロジェクト」

を紹介する。大分県名護屋湾では、ウニによる藻場の食害が問題となっており、本プロジェクトでは、取り組みの一部として2021年からウニの除去を行い、藻場の回復に取り組んだ。結果として、藻場の回復と二酸化炭素吸収量拡大に寄与し、2t-CO2のJブルークレジットが発行された。なお、除去したウニは、地元特産品として販売し、地域振興の側面でも貢献している。[128]

3.4.2 日本におけるカーボンクレジット市場の今後

これまで、日本国内におけるカーボンクレジット市場は、グローバルでのカーボンクレジット市場と比べると、十分な拡大・発展をしてきたとは言い難い状況であった。まず、JCMのクレジットは原則として国に帰属し、民間事業者における流通・利用は基本的にない状況であったといえる。また、J-クレジットは、信頼性が高い制度・仕組みとなっているものの、その厳格さゆえに供給が需要に追いついていないという課題などがあった。[129]また、ボランタリーカーボンクレジットの利用についても、どのような形での利用がどこまで認められるのかが不透明であり、利用が十分に進んでこなかった。[15]

一方で、国内でもカーボンニュートラル達成に向けた取り組みが進むなか、カーボンクレジットへの期待はさらに高まっていくと考えられる。例えば、国土交通省が推進するカーボンニュートラルポート[130]や自治体主導のゼロカーボンシティ[131]、グリーン購入法の拡大・発展などによって、J-クレジット、JCM、その他適格クレジットの活用が想定されている。また、2023年度より第1フェーズが開始されているGX-ETSにおいても、まずは、J-クレジットとJCMの利用が認められており、これらのカーボンクレジットの需要喚起につながり得る。また、GX-ETSにおいては、将来的には適格とみなされるボランタリーカーボンクレジットの利用を認めていくことも視野に検討がされる見通しであり、制度設計次第では、ボランタリ

ーカーボンクレジットの需要拡大も想定される（詳細は2章を参照）。

　経済産業省は、1章に示したように、2021年11月に「カーボンニュートラルの実現に向けたカーボン・クレジットの適切な活用のための環境整備に関する検討会」を設置・開催し、2022年6月には、その内容を取りまとめた「カーボン・クレジット・レポート」を公表した。[15] 当該レポートでは、カーボンクレジットの供給、需要、流通の観点から、それぞれの課題と今後の方向性が示された。今後、日本全体のカーボンニュートラル実現とGXの推進にあたってカーボンクレジットの位置づけそのものの見直しを進め、カーボンクレジットの性質や種類、あるいはその用途ごとに支援が行われていくものと想定される。こうした活動を受けて、今後は、国内では公的クレジットとボランタリーカーボンクレジットの双方で、カーボンクレジット市場が大きく拡大していくことが期待される。

図3-11　「カーボン・クレジット・レポート」におけるカーボンクレジット活用イメージ

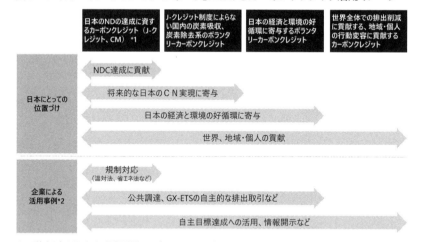

*1 パリ協定6条2項における相当調整済みのボランタリーカーボンクレジット、パリ協定6条4項における国連クレジットについては今後要議論
*2 活用場面はあくまで一例
出所）経済産業省「カーボンクレジットレポート」を基に野村総合研究所作成

4

取引市場

排出量取引における排出量（枠）にしてもカーボンクレジットにしても、その創出者自身が保有をし続けるだけでなく、これらの利用ニーズを持つ主体の手に渡ることで、初めて制度的な意義に貢献し得る。そのため、排出量取引・カーボンクレジットにとって流通機能は、非常に重要な役割を担う。国内では、前述のとおり、排出量取引制度が始まっており、今後、超過削減枠などの売買が必要となるため、それを支える取引市場の機能が求められるようになると想定される。また、カーボンクレジットについては、これまでJ-クレジットの相対取引や政府入札販売が中心であり、取引市場のサービス・ソリューションが十分に普及している状況ではなかった。しかし、直近は、2022年度に東京証券取引所による取引所取引の実証が行われ、2023年度に市場開設が予定されているなど新たな動きが出てきている。一方、海外では、これらの国内の動きに先立ち、種々の形態の取引市場が既に顕在化している。

　そこで、本章では、まず、取引市場の複数の形態とその特徴を述べたうえで、それらを踏まえた海外における取引市場サービスの事例を紹介する。そして、国内における取引市場に関連する最近の取り組み状況を述べる。

4.1 排出量・カーボンクレジット取引市場の類型

　具体的な取引市場の事例を述べる前に、排出量（枠）・カーボンクレジットの取引市場の形態について述べたい。2022年6月に発行され、「我が国においてはじめて、包括的にカーボン・クレジットに関する整理を行った」とする経済産業省のカーボン・クレジット・レポートでは、カーボンクレジット取引の国際的な動向に関して、以下のように述べられている。[15]

　「カーボン・クレジットは典型的なケースにおいてはブローカー・リテーラーを介した相対取引、Over-the-Counter（OTC）取引で売買が行われてきたが、近年では、……（中略）……取引所・取引プラットフォーム設

表4-1　排出量(枠)・カーボンクレジットの取引市場の類型

	①マーケットプレイス	②オークション	③取引所
主要機能	売り（買い）の情報開示	売りの情報開示・買い入札	売り・買い注文のマッチング
取引決定方法	当事者間の合意 (売り手が提示する条件で買い手が購入など)	高額の入札者から落札	指値で注文・札入れなど
取引対象	個別カーボンクレジット	個別カーボンクレジット の集合	一定基準を満たすカテゴリ (一定の基準でカーボンクレジットを標準化した単位)
価格の指標性	低	中	高
先物の 取り扱い	一般的にはない	一般的にはない	一部取引所などが提供 (オプション商品なども存在)

出所) 野村総合研究所作成

立の動きも活発化して」きている。

　この記述にも示されているように、カーボンクレジット取引については、近年、さまざまな取引市場が設立され、取引が活性化してきている。本節では、このようなさまざまな取引市場を、「①マーケットプレイス型」、「②オークション型」、「③取引所型」の3つの類型に分類する。表4-1に各取引の類型ごとの特徴を整理した。ここからわかるように、取引形態によって売買・取引の決定方法や取引単位、価格指標性、先物の取り扱いなどに差異がみられる。

　以降、各取引形態の詳細を述べていくが、その前に、本節における各取引形態の分類及びその特徴に関する記載は、主にはカーボンクレジットの取引を前提としたものであることを述べておきたい。EU-ETSなどの排出量取引制度における排出量（枠）の取引については、必ずしも前述のカーボン・クレジット・レポートに記されたような状況ではなく、以前より、「②オークション型」、「③取引所型」における取引がなされてきている。例えば、EU-ETSでは、まず、有償割当される排出枠がドイツの取引所（EEX）が運営するオークションによって販売が行われる（「一次市場」と呼ばれ

る）。そして、オークションで落札された排出枠と無償割当で分配された排出枠が、オランダの取引所（ICE Endex）やドイツの取引所（EEX）などにおいて売買が行われる（「二次市場」と呼ばれる）。また、排出量取引で売買される排出量（枠）は、カーボンクレジットのように個々のプロジェクトの特徴を捉えた活用方法が想定されておらず、取引される排出量（枠）についてt-CO2eの排出量（枠）であること以外の付加価値を付与するニーズが低いといえる。そのため、以下に紹介する分類・特徴の記載は、一部は排出量取引における排出枠量（枠）の取引にも共通するものもあるが、主にはカーボンクレジットの取引を意識したものである点に留意いただきたい。

4.1.1 マーケットプレイス型取引市場

　マーケットプレイス型取引市場では、取引されるカーボンクレジットごとの情報共有などの取引支援や、実際の売買にかかわる決済支援などが行われる。売り手は、売りに出したいカーボンクレジットに関する詳細情報を、マーケットプレイス運営者に提出する（マーケットプレイスのプラットフォームに登録する）。そして、買い手は、個別のカーボンクレジットごとに、そのプロジェクトの認証制度、方法論、プロジェクト実施者、ビンテージなどの詳細な情報を確認し、比較情報を詳細に確認し、購入をしたいカーボンクレジットを選定することができる。

　マーケットプレイスの長所としては、個々のカーボンクレジットに関する詳細な特徴に基づいた売買が可能である点が挙げられる。マーケットプレイスでは、取引市場としての競争力を高めるために、買い手がクレジットの探索と比較分析、選定をしやすいような工夫がなされることが多い。売り手は、自身の商品を売り込むためにカーボンクレジットに関連する詳細情報を市場運営者に提供し、市場運営者は、それらを詳細ながらもわかりやすく、複数のカーボンクレジット間で比較がしやすいような形で買い

図4-1 マーケットプレイス型取引市場のイメージ・概要

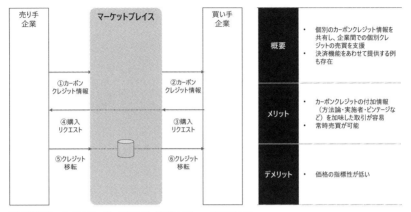

注）提供機能と、その流れは一例。上記以外にも複数のパターンが想定される
出所）野村総合研究所作成

手に対して示す。さらに、一部のマーケットプレイスでは、売買仲介を行うのみではなく、決済機能もあわせて提供がされる。これにより買い手は、カーボンクレジットの選定から購入・決済までをワンストップで行うことができる。また、マーケットプレイスでは、基本的には、売買が行われるタイミングに特に大きな制約はなく、売り手と買い手が存在している限り、いつでも売買が可能である点も長所であるといえる。

　一方、マーケットプレイス型取引市場では、個々のカーボンクレジットの売買（の支援）が行われ、サービスの提供方法次第では取引量や価格情報が必ずしも開示されないことから、市場全体の透明性が低い点が懸念される。また、取引量や価格に関する情報が開示される場合であっても、個々のプロジェクト単位での情報となるため、他の同様の特徴を持つようなカーボンクレジットがどの程度の価格となり得るかは必ずしも明らかにならない。すなわち、マーケットプレイス型取引市場は、カーボンクレジットの価格指標の提供という点においては、十分なものとは言い難い。

181

4.1.2 オークション型取引市場

　オークション型取引市場では、運営者が一定の単位でまとめたカーボンクレジットを売りに出し、買い手は、そのまとまりとしてのカーボンクレジットの情報に基づき、価格と購入量を決め、入札を行う。そして、高い価格を付けた買い手から順に落札者が決められる。具体的には、特定の地域・ビンテージ・方法論のカーボンクレジットをまとめた単位でオークションが開催され、買い手は、その地域・ビンテージ・方法論の特徴から適切と思う価格を決定し応札をするといった流れが一般的である。なお、オークションの単位は、必ずしも複数プロジェクトをまとめたものである必要はなく、大型の単一のプロジェクト由来のカーボンクレジットが売りに出されることもある。また、オークション型取引市場では、通常、常にオークションが開催され、いつでも売買が可能であるということはなく、一定の期間を置き多くのカーボンクレジットをまとめた形でオークションが実施されることが多い。例えば、J-クレジットについては、これまで年2回の頻度で、政府が保有する多数かつ多様なクレジットを「再生可能エネルギー発電」と「省エネルギー他」という単位で束ねた入札が行われている。

　オークション型取引市場の長所としては、(マーケットプレイス型に比べると)価格透明性・指標性が高いながらも、(取引所型に比べると)カーボンクレジットの持つ特徴を反映した取引が可能である点が挙げられる。また、オークション運営者によって買い入札曲線(すべての入札者の入札価格と入札量を並べたもの)が公開されれば、当該クレジットに対する買い手の望む価格分布がわかる。このため、一定の効率性を持った売買を行いたいが、(後述する取引所型取引において売買される商品のように)カーボンクレジットの特徴を標準化することで高く評価されるべき特徴が適正に評価されないことを避けたい場合や、まったく新しいタイプ(新たな方法論など)のカーボンクレジットであるため、適切な価格帯をわからな

図4-2　オークション型取引市場のイメージ・概要

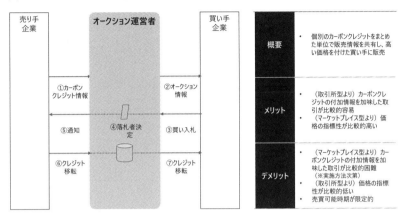

注）提供機能と、その流れは一例。上記以外にも複数のパターンが想定される
出所）野村総合研究所作成

い場合などに、オークションが有望な取引ソリューションとなり得る。

　一方、前述のようにカーボンクレジットを束ねて出品される場合におい
ては、マーケットプレイス型に比べると個々のカーボンクレジットの特性
を買い手側が、十分に検証することが困難なケースも想定される。また、
価格指標性の面においても、後述の取引所型と比べると、高いとは言い難
い。さらに、売買可能時期が限定的なため、タイムリーな売買が困難な点
も、オークション型の留意点といえるだろう。

4.1.3 取引所型取引市場

　取引所を介した取引では、カーボンクレジットなどを一定の基準で標
準化した売買区分が設定され、その売買区分単位で日々取引が行われる。
売買区分は、取引所ごとにさまざまな設定方法があり、例えば、「再生可
能エネルギー／省エネルギー／自然由来」といったカーボンクレジットを
生むプロジェクト種類ごとの分類もあれば、「Verified Carbon Standard/

The Gold Standard」といった発行メカニズム・認証制度ごとの分類もあり得る。

　このように一定の単位でカーボンクレジットをまとめた（標準化した）売買区分を設けて取引を行うことで、個別のカーボンクレジットの売買を行うときよりも多くの売り手と買い手を集めることができ、取引量を高められる点が取引所型取引市場のメリットである。また、売買区分単位で日々取引価格が決定し、それが取引量と共に公開されることで、その売買区分に紐づく特徴を持つカーボンクレジットの市場価格が明らかになるという効果もある（すなわち、価格指標性が高い）。さらに、一部の取引所では、標準化されたカーボンクレジットの先物取引（及びオプション取引）も行われており、これによりカーボンクレジットのさらなる透明で公正な価格の形成や、価格変動リスクのヘッジなどの効果も期待される。

　一方で、取引所取引では、一定の基準で標準化した売買区分単位で取引が行われるため、各カーボンクレジットが持つ特徴を反映した取引は実現しにくい。例えば、「再生可能エネルギー」という売買区分で取引を行う

図4-3　取引所型取引市場のイメージ・概要

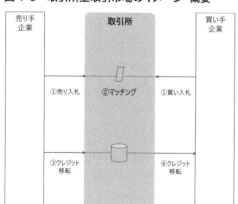

注）提供機能と、その流れは一例。上記以外にも複数のパターンが想定される
出所）野村総合研究所作成

場合、その再生可能エネルギーがどの地域の、どのビンテージ（創出年）の、どの方法論（バイオマス、太陽光など）のプロジェクトに由来するカーボンクレジットであるかなどの情報が削ぎ落とされており、特定の地域やビンテージ、方法論に由来するカーボンクレジットを調達したい（したくない）場合には、取引所取引における調達は不向きであるといえる。

4.2 海外における取引市場

　前節では、取引市場形態の分類を行ったが、海外における排出量（枠）・カーボンクレジットの取引においては、それぞれの分類に該当するような種々の取引市場関連サービス・ソリューションが既に成立している。各国において多くのサービス・ソリューションが設立され、普及をしてきているところであるが、本節では、これらのうち、取引市場を運営する代表的な事業者の事例として、「①Xpansiv/CBL Markets」、「②Climate Impact X（以下、「CIX」）」、「③ICE Endex」を紹介をしたい。

4.2.1 事例①：Xpansiv/CBL Markets

Xpansiv/CBL Markets の概要

　Xpansivは、2016年創業の米国サンフランシスコに本社を置く事業者であるが、2019年に豪州シドニーの商品スポット市場のCBLと統合し、カーボン・エネルギー・水などの環境商品の取引市場とデータプラットフォームを提供している。Xpansivが運営する環境価値取引所「CBL Markets」では、再生可能エネルギーやガス関連商品に加えて、排出枠（California Carbon Allowance や RGGI CO2 Allowance など）とカーボンクレジットが取引されている。特に、ボランタリーカーボンクレジットの取引に関しては、取引量・金額の面で、世界最大規模の取引所となっており、Xpansivのボランタリーカーボンマーケットにおけるグローバルシェア

図4-4 Xpansiv によるカーボンクレジット取引実績の推移

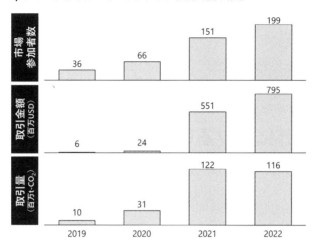

出所)"XPANSIV CARBON MARKET REVIEW:Trading Insights from 2022"(2023年3月1日)を基に野村総合研究所作成

は、2023年第1四半期時点で85%を超えるとされている。[132]

2023年8月現在（執筆時）、CBL Marketsで取り扱われているカーボンクレジット商品は、全部で11種類であり、カーボンクレジットの認証制度ごとの商品と（ひとつ又は複数の認証制度をまたいで）CBLが一定の基準で標準化した商品が含まれる。具体的には、前者についてはVCS、GS、CAR、ACRなどの世界的なボランタリーカーボンクレジットの認証制度・運営団体が発行しているカーボンクレジットが扱われており、後者については、CORSIA適格や自然ベースの方法論に由来するカーボンクレジットを束ねたGEO（Global Emissions Offset Standard Spot Product）、N-GEO（Nature-Based Global Emissions Offset Standard Spot Product）、SD-GEO（Sustainable Development Global Emissions Offset Spot Product）などの商品がある（詳細は後述）。

2019年の統合以来、取引量・取引総額・市場参加者は、大きく拡大をしてきた。2021年から2022年にかけては、世界経済の混乱やボランタリ

ーカーボンクレジットの信頼性をめぐる問題が取り沙汰され、グローバルでカーボンクレジットの発行量自体の減少などが起こったことにより、CBLにおけるカーボンクレジットの取引量も微減となった。しかし、この間も取引総額・市場参加者数は拡大を続けており、2022年時点では、取引量1.16億万t-CO2e、取引総額795百万ドル、市場参加者数199社に至っている。市場参加者は、一般企業に加えて、プロジェクト開発者、トレーディング会社、銀行、ブローカーなどが含まれる。[133]

　環境価値取引所としてのリーディングポジションを築くXpansivは、比較的若い会社ながら、大きな注目を集めており、近年では、2022年7月にはBlackstoneから4億ドル、2023年1月にはBank of AmericaとGoldman Sachsから1億2,500万ドルの投資を受けた。そして、これらの資金を活用して、企業買収や新たなサービス開発を続けている。具体的には、2022年8月にエネルギー・環境市場レジストリインフラストラクチャを提供するAPXの買収を発表し、2023年1月には、環境市場の取引とアドバイザリーサービスを提供するEvolution Marketsの買収完了を発表した。また、さまざまな新しい商品・サービスの開発や提携などを進めている。以下では、2020年以降、2023年8月現在（執筆時）までに開発・発表されてきた商品・サービスなどのうち、代表的なものをいくつかを取り上げて紹介する。

2020年8月　Global Emissions Offset™（GEO）を発表

　2020年8月にCORSIA適格のカーボンクレジットに基づく標準化された商品Global Emissions Offset™（以下、「GEO」）を発表、同年10月に初取引が行われた。[134][135]GEOは、個別プロジェクトの性質は問わない標準化された商品となっているが、CORSIAで定められたクレジットの基準を満たしたCORSIA適格のカーボンクレジットのみを対象としている。このため、クレジット購入者は、個別プロジェクトの審査・評価などを行わずに、一定の信頼性の担保されたカーボンクレジットを購入することができ

る。そして、GEOは、CBLの市場において、常時（24時間・365日）取引がなされる。

　Xpansivによる GEOの開発・上場は、グローバルのカーボンクレジット取引市場に、透明性・流動性の向上をもたらしたと評価できる。

2021年3月　Nature-Based Global Emissions Offset™ (N-GEO)を発表

　2021年3月には、自然ベースのカーボンクレジットを対象にしたNature-Based Global Emissions Offset™（以下、「N-GEO」）が発表された。[136] N-GEOは、地球温暖化の軽減などを実現していくための適切な土地利用プロジェクトに対する認証である「Climate, Community, and Biodiversity（以下、「CCB」）認証」を受けた農業・林業・その他土地利用プロジェクトのみで構成されるカーボンクレジットの標準化商品である。カーボンクレジットの購入・利用者は、N-GEOを購入・利用することで、自然環境の生物多様性を促進し、開発途上国のコミュニティを支援しながら、気候コミットメントを達成することが可能となる。

　また、N-GEOは、自然ベースのカーボンクレジットに価格透明性と流動性をもたらすことに寄与する。N-GEOの取引価格が自然ベースのカーボンクレジットの標準的な価格を示す指標として機能することで、個別の自然ベースのカーボンクレジットの価格設定を行う際に、標準価格を基準として個々のプロジェクトの特徴（ビンテージなど）に関する付加価値（プレミアム）を加えた価格設定をが可能となる。

　なお、この後、Xpansivは、さらに、Core Global Emissions Offset（以下、「C-GEO」）と Sustainable Development Global Emissions Offset（以下、「SD-GEO」）というGEOシリーズの標準化商品の販売も開始した。C-GEOは、ICVCMで検討されている品質基準に沿ったカーボンクレジット、SD-GEOは、持続可能な開発目標（SDGs）のうち最低5つの要素を満たす、社会的インパクトの高いプロジェクトによるカーボンクレジット

を対象にした標準化商品である。このように、Xpansivは、GEOに始まり、その後、付加的な価値も反映した標準化商品を生み出してきている。

2021年3月 CMEグループ GEO Futures(GEOの先物取引)を提供開始

Xpansivは、米国のデリバティブ取引所運営会社であるCMEグループと連携して、GEOの先物である「GEO Futures」を開発し、2021年3月に上場した。[137] GEO Futuresの上場によってカーボンクレジットの先物市場が成立したことで、各企業にとっては、排出削減戦略を実現するうえでのリスク管理手段や、将来のカーボンクレジット価格を見通すベンチマーク指標が得られたといえる。また、当然ながら、先物市場の成立は、カーボンクレジット市場の流動性の向上にも大きく貢献している。

この後、GEO Futuresに続き、N-GEO futuresや C-GEO futuresも上場されるなど、CMEで扱われる先物取引の対象は順次拡大してきている。また、先物市場における取引量も拡大してきており、2022年には2億クレジット(1クレジット＝1t-CO2e相当)を超えた。[133]

2022年12月 CBL Auctionを発表

これまで述べてきたように、Xpansivは、取引所取引(CBL Markets)を主体としたサービスを提供する事業者であるが、2022年12月には、カーボンクレジットを対象としたオークション型の取引サービス「CBL Auction」を開始することを発表した。[138] CBL Auctionでは、さまざまな種類のオークションに対応が可能で、CBLが保有するカーボンクレジットの支払・送金インフラの活用や、CBL Marketsを利用する多数の顧客(潜在的な買い手)とつながることができるとされている。

CBL Auctionでは、CBL Marketsとは異なり、個別のプロジェクトに紐づけられたカーボンクレジットがオークション形式で売りに出される。例えば、CBL Auctionの第1号案件は、Terra Commodities社による「Condoto REDD+」というプロジェクトによって発行されたカーボンクレジットであった。本プロジェクトは、コロンビアにおける熱帯雨林生態系の保全に取り組むプロジェクトであり、CCB認証を取得していることに加えて、貧困緩和や地域コミュニティのための社会的・経済的に持続可能な開発の実施などのSDGsの要素も含まれている。

　以上のようにCBLは、これまでカーボンクレジットを標準化した商品やその先物取引の導入などにより、価格透明性や流動性の向上に貢献してきた。さらに直近では、自然ベースの方法論によるカーボンクレジットや社会インパクトなどの付加的な要素を組み込んだ標準化商品の開発や、カーボンクレジットに付随するプロジェクトなどの特徴・情報（追加属性、Additional Attribute）を考慮した売買を可能とするオークションサービスを開始するなど、カーボンクレジットに対する付加価値を加味した取引を行うニーズへの対応も進めてきている。

4.2.2 事例②：CIX（Climate Impact X）

CIXの概要

　CIXは、2021年5月にシンガポールで設立されたカーボンクレジット取引市場である。シンガポール政府は、アジアにおける脱炭素化の取り組みを支援するために、シンガポールをカーボンクレジット取引・サービスのハブ（中核）にするという目標を掲げている。こうした背景のもと、CIXは、シンガポールの国営企業であるDBS銀行、テマセク、シンガポール証券取引所（SGX）に英国スタンダードチャータード銀行を加えた4社により設立された。当該市場は、アジアに限らず世界のカーボンクレジット開発事業者や利用企業、金融機関、トレーダーなどがカーボンクレジットを取引する場を提供する。

　CIXは、まずは自然ベースのカーボンクレジットを対象とすることを掲げており、森林保全や自然保護のプロジェクトに由来するカーボンクレ

ジットを取り扱っている。そして、これらのカーボンクレジットの品質を
担保し、質の高い取引を実現するために、英国ロンドンを拠点とするシル
ベラの協力を得ている。シルベラは、2020年に創業したカーボンクレジ
ットの格付け会社であり、衛星画像や3D（3次元）レーザースキャンなど
のデータを取り込み、機械学習も用いた分析を行うことで、植林や森林保
護を行うプロジェクトの有用性評価を行っている。

　CIXは、2021年の創業以来、順次サービスを拡充してきており、2023
年現在は、前節で示した取引市場の3つの類型すべてに相当するサービス
を提供している。具体的には、マーケットプレイス型である「CIX Mar-
ketplace」、オークション型である「CIX Auctions」、そして、取引所型で
ある「CIX Exchange」を順次開設、運用している。以下では、それぞれの
サービスについて述べる。

CIX Marketplace

　CIX Marketplace[139]では、個々のカーボンクレジットに関する情報が登
録され、売買が行われる。CIX Marketplaceにおいて、個々のカーボンク
レジットの特性に関する詳細な情報がわかりやすく整理された形で提供さ
れることで、買い手は、各カーボンクレジットを比較し、いずれの商品を
購入するかを判断することができる。また、クレジットの償却や移転の指
示も本サービス上で実施可能とされており、カーボンクレジットの買い手
は、探索、比較検討から、購入・利用までをシームレスに実現することが
できる。

　また、CIX Marketplaceに登録されているすべてのカーボンクレジット
は、Verraなどの国際的に認められた基準によって認証されたものであり、
かつシルベラなどの独立格付け機関による評価が行われている。このため、
CIX Marketplaceにリスト化されているすべてのカーボンクレジットは、
一定の品質が担保されたものであるといえ、利用者は安心してカーボンク
レジットを購入することができる。

CIX Marketplaceが提供するカーボンクレジットの情報は、プロジェクトの基本情報（プロジェクト名、立地、開発事業者など）・方法論・認証制度・ビンテージなどに加えて、格付け機関による評価結果や気候変動以外のSDGsに関する情報なども含まれる。このため、買い手は、さまざまな情報を基に自らの嗜好にあったカーボンクレジットを選択することができる。また、高品質なカーボンクレジットを保有する売り手は、その質の高さに応じた正当な評価を得た価格でカーボンクレジットの販売が行われることを期待できる。

CIX Auctions

　CIX Auctions[140]は、特定の特性を持つカーボンクレジットのポートフォリオを設定し、その単位での売買を行うためのオークション型のカーボンクレジットの取引市場サービスである。2021年11月に完了した実証的オークションの実施を経て、2022年3月にCIX Auctionsのサービスを正式に開始した。

　CIXは、大手のカーボンクレジットサプライヤー（売り手）と提携して独占オークションを開くことで、買い手に対して、CIX Auctionsでしか手に入れることのできないカーボンクレジットの購入機会を提供するとしている。また、カーボンクレジットの売り手に対しては、CIX Auctionsを活用することで、ユニークで魅力的な新しいタイプのカーボンクレジットを、効率的かつ適切な価格で販売できるという価値を提供するとしている。過去に類似の方法論・プロジェクトから創出されたからカーボンクレジットが市場で取引されていれば、その過去のデータから適切な価格設定が可能となる。しかし、新たな特性を持つカーボンクレジットの場合は、その特性に対する付加価値（プレミアム）が明確ではないため、適切な価格づけが困難になる。そのため、CIX Auctionsのようなオークションサービスを活用することで、そのプロジェクトの特性を訴求することができ、多くの買い手が入札することで、適正価格を把握することができる。

　さらに、CIX Auctionsは、カスタマイズ可能である点も特徴として挙げられる。CIXは、売り手であるカーボンクレジットのサプライヤーと密に連携して、オークションの設計を最適化し、プロジェクトの独自属性に基づいたマーケティングマテリアルの作成も担うとしている。

　CIX Auctionsで売買が行われた具体例として、Respira International による自然ベースのブルーカーボンクレジットのオークションがある。このオークションでは、パキスタンにおける最大規模のマングローブ再生プロジェクトである「デルタブルーカーボンプロジェクト」に由来する25万トンのカーボンクレジットの販売が行われた。当該クレジット（ビンテージ2021年）の落札価格は27.8 USDであり、CIXによると、同じビンテージの一般的な自然ベースのカーボンクレジットよりも約4割ほど高い価格であるという。また、CIXは、当該オークションの入札曲線を公開しており、それによると、入札量ベースで約3割の入札は、35USD以上であった。このことから、CIXは、当該オークションによって、「ブルーカーボン」という比較的新しいタイプのカーボンクレジットの価格プレミアムが明らかになったと述べている。[141]

CIX Exchange

　2023年3月に、取引所型取引市場であるCIX Exchangeが設立された。CIX Marketplace、CIX Auctionsに次ぐ新たなサービスであり、これにより、CIXには、市場取引に関する主要なコアソリューションが一通りそろったこととなる。CIX Exchangeでは、ナスダックのクラウドベースの取引技術が採用されており、安定的で堅牢、かつ使い勝手の良い取引プラットフォームとなっているとされている。[142]

　CIX Exchangeでは、ボランタリーカーボンクレジットの流動性を高め、価格指標性を高めるために、同社初となる標準化された商品「Nature X（CNX）」が取り扱われている。Nature Xは、自然ベースのカーボンクレジットの標準化商品で、世界的に認められた11件のREDD+プロジェク

トによって構成されている。また、Nature Xは、自然ベースのカーボンクレジットの適切な価格指標とするために、高品質なカーボンクレジットであることに加えて、ビンテージ（クレジット発行年）を限定した形で商品が組成されている。具体的には、ビンテージを4年間に区切った商品組成となっており、例えば、「CNX v19-22」という商品は、ビンテージが2019 ～ 2022年のカーボンクレジットのみで構成されている。2023年現在、CNX v19-22に加えて、CNX v18-21（ビンテージ：2018 ～ 2021年）、CNX v17-20（ビンテージ：2017 ～ 2021年）、CNX v16-19（ビンテージ：2016 ～ 2019年）の4商品が上場されているが、2024年には、CNX v20-23（ビンテージ：2020 ～ 2023年）が加わる予定である。

　さらに、CIX Exchangeでは、流動性を高めるために、通常の取引時間に加えて、「Pricing Session」と呼ばれる毎日30分間の取引時間帯を設定している。これは、欧州も含めてグローバルに取引に参加しやすいようなタイミングに毎日固定の時間を設け、そこに取引を集中させることで、取引を活性化させることを狙いとした仕組みである。[143]通常の取引時間は、シンガポール時間で12:00 ～ 18:30（すなわち、中央ヨーロッパ時間で6:00 ～ 12:30、英国時間で5:00 ～ 11:30〈サマータイム時4:00 ～ 10:30〉）に設定されているが、そのうちPricing Sessionの時間は、シンガポール時間で17:00 ～ 17:30（すなわち、中央ヨーロッパ時間で11:00 ～ 11:30、英国時間で10:00 ～ 10:30〈サマータイム時9:00 ～ 9:30〉）に設定されている。

　CIX Exchangeでは、複数のプロジェクトに由来するカーボンクレジットを束ねた商品だけでなく、単独のプロジェクトにより創出されたカーボンクレジットで構成された商品も取り扱われている。2023年6月時点では、30以上のプロジェクトが扱われており、その大半はREDD+プロジェクトである。[144]

その他サービス

　CIXでは、前述の3つの取引市場に加えて、データ・分析サービス「CIX Intelligence」や精算・決済支援サービス「CIX Clear」も提供している。CIX Intelligenceは、CIXの取引情報の集計・分析を行い、日報として提供したり、四半期のウェビナー提供などを行うものであり、CIX Exchangeの設立と同時にサービス提供が開始された。[145] CIX Clearは、相対取引を行う際の手間やカウンターパーティーリスクを低減するために開発・提供されたサービスであり、カーボンクレジットの市場以外での取引における支払い・受け渡し・精算などを代行するものである。

　以上のように、CIXは、アジア、そしてグローバルにおけるカーボンクレジットの取引ハブとなることを目指して、多様な市場取引サービスを展開している。

4.2.3 事例③：ICE Endex

ICE/ICE Endexの概要

　Intercontinental Exchange（インターコンチネンタル取引所。以下、「ICE」）は、2000年に設立された米国の大手取引所運営会社であり、エネルギー関連・排出権・農産物・株価指数などの多岐にわたる商品の現物や金融派生商品を取り扱っている。上場株式を取り扱うNYSE（米国ニューヨーク証券取引所）やシンガポール、アブダビにおける取引所などのグローバルに多数の取引所を傘下に持つが、カーボンクレジット・排出量（枠）に関する商品は、ICE Futures Europe（取り扱い商品：英国排出枠〈UKA〉など）、ICE Futures U.S.（取り扱い商品：米国カリフォルニア州排出枠〈California Carbon Allowance〉など）、ICE Endex（取り扱い商品：EU排出枠〈EUA〉など）の取引所において扱われている。

　以下では、EU-ESTの排出枠であるEUA（EU Allowance）を取り扱う取引所であるICE Endexについてみていきたい。

ICE Endexにおける取引

欧州証券市場監督局のレポート[146]によると、現在、ドイツのEEX、オランダのICE Endex、ノルウェーのNasdaq Osloの3つの取引所がEUAの取引を行っている（正確には、これらの取引所で二次市場を担っており、一次市場はEEXがオークションによる有償配分を行っている）。3つの取引所のシェアをみると、2021年時点で、EEXが約15％、ICE Endexが約85％、Nasdaq Osloが0.03％となっており、ICE EndexがEUAの最大の取引市場となっている。

ICE Endexでは、2023年8月現在（執筆時）、EUA Daily Futures（実質的なスポット取引）、EUA Futures（先物取引）、EUA Futures Options（オプション取引）という3つの商品が扱われている。いずれについても、1ロット＝1000EUAs＝1000t-CO2e単位で設定されており、取引最小単位は1ロットであり、最小注文ブロックは50ロット（EUA Futures Optionsは25ロット）となっている。

EUAは、カーボンクレジットとは違い、個別のプロジェクトに紐づいて管理され、個別の追加属性（地域性や方法論、コベネフィット）を持つものではなく、初めから標準化されたものであるといえる。そのため、Xpansiv/CBLやCIXの例でみてきたような個別のカーボンクレジットや、それらを（複数のパターンで）標準化した商品というバラエティーは存在せず、前述のとおり、（実質的な）現物、先物、オプション商品のみが取り扱われている。また、EUAの取引量は非常に多く、例えば、欧州証券市場監督局のレポートによると、2021年12月には、1000億ユーロ弱・40万件弱の取引が1カ月で行われた（このうちの8割以上がICE Endexにおける取引）。

ICEによるカーボンクレジットにかかわる動向

以上のように、ICE Endexは、EUAやUKAなどの各国・地域の排出権を取り扱ってきたが、近年、ICEにおいても、カーボンクレジットにかか

わる商品の扱いが始められている。具体的には、2022年5月に、自然ベースのボランタリーカーボンクレジットに基づく先物商品「Nature-Based Solution Carbon Credit Futures」の取引を開始した。これは、Verra（VCS）などの国際的に認められた基準を満たす、自然ベースのボランタリーカーボンクレジットを対象とした先物取引であり、この前年（2021年8月）に開始されたCMEによるCBLの自然ベースのカーボンクレジット標準化商品（N-GEO）の先物取引に類似する取り組みである。

さらに、2022年末には、米国の植林事業者であるGreen Treesが開発したACR（American Carbon Registry）のボランタリーカーボンクレジットのオークションを行うことを発表した。

以上、海外における取引市場関連の代表的なサービスを紹介した。これ以外にもグローバルには、さまざまなサービスが出現、普及してきつつある。カーボンクレジットと排出量取引市場は、未だ発展段階にあり、その流通にかかわるサービスも今後も普及拡大が進むことが想定される。

アジアにおけるカーボンクレジット取引所設立の動き

　ここ数年、アジアにおいて取引所（既存の証券取引所など）が関与するカーボンクレジット取引市場設立の動きが活性化している。2019年に世界初となる国際的なカーボンクレジット取引所である「エアカーボン・エクスチェンジ（ACX）」がシンガポールで設立された。ACXは、カーボンクレジットをトークン化したブロックチェーンベースのデジタル取引所で、EEXから、戦略的パートナーシップの一環として出資を受けている。シンガポールでは、その後、2021年にシンガポール取引所が設立運営者の一翼を担う形で、Climate Impact X（CIX）が創設された（CIXは、前述のとおり、取引所型を含む複数の取引市場サービスを提供している）。

　2022年10月には、香港取引所によるボランタリーカーボンクレジットの取引所「コア・クライメート」の設立が発表された。また、同年12月には、マレーシアにおいて、マレーシア証券取引所（ブルサ・マレーシア）により、国内外で創出されるカーボンクレジットの取引を行う取引市場「ブルサ・カーボン・エクスチェンジ」が発足された。そして、台湾においては、台湾証券交易所が2023年夏ごろに大量で高品質なカーボンクレジットを取引可能な取引プラットフォームを創設するとしている。[147]さらに、2023年6月には、インドネシア証券取引所が、インドネシア国内の石炭火力発電所の排出枠の売買が可能な取引所の運営を同年9月から始めることを発表した。[148]

　日本国内においても、同時期にカーボンクレジット取引所の実証事業が行われた。2022年度下期をかけて、JPXグループの東京証券取引所が経済産業省の委託事業の形で、J-クレジットとGXリーグにおける超過削減枠の取引所取引に関する実証を行なった。そして、2023年10月には、当該取引所を（実証ではなく常設の取引所として）設立するとしている（詳細は

後述)。

　こうした既存取引所などが主導・関与するもの以外でも、アジアにおけるカーボンクレジット取引所設立に関しては、いくつかの動きがみられる。タイにおいては、工業省傘下のタイ工業連盟などによるFTIXカーボンクレジット取引プラットフォームの運用が2022年9月に開始された。また、ベトナムにおいては、資源環境省が2025年までにカーボンクレジット取引所を試験的に運用し、2028年から正式に運用を開始する方針が示されている。

　以上のように、日本を含むアジア各国において、取引所を中心としたカーボンクレジット取引市場設立の動きが活性化してきている。これは、各国がネットゼロの目標を掲げ脱炭素を本気で取り組み出していること、欧州の炭素国境調整メカニズム（CBAM）の動きを受けて各国においても強度の高いカーボンプライシング（排出量取引など）導入の必要性が高まっていること、カーボンクレジット創出プロジェクトのホスト国ともなり得る各国が関連事業に機会を見いだしていることなどが背景にあると考えられる。アジアにおいても、脱炭素化の推進を強化する流れのなかで、取引市場の整備が進むことで、カーボンクレジットと排出量（枠）の取引が促進されていくことが想定される。

4.3 取引市場の国内動向

前節では、海外の取引市場関連サービスに関する代表的な事業者の事例を紹介したが、近年、国内においても取引市場関連サービスが多く立ち上げられてきている。本節では、まず国内における取引市場の設立に関する動きを概観したうえで、そのなかから、JPXグループ・東京証券取引所によるカーボンクレジット市場実証と、その後の動きについて詳細に述べる。そして、最後に、国内におけるカーボンクレジット・排出量（枠）取引市場の見通しについての考察を行う。

4.3.1 日本における取引市場の概況

近年までの国内取引市場の状況

日本国内では、最近まで排出量（枠）・カーボンクレジットの取引市場は十分に普及しておらず、取引市場による取引が活発に行われてきたとは言い難い状況であった。背景としては、カーボンクレジット・排出量（枠）の流通量自体が欧米を中心とした海外市場よりも少なく、実際の取引にあたってもJ-クレジットの政府入札を除くと、相対取引が主流であったためであると考えられる。

まず、ボランタリーカーボンクレジットについては、日本企業による活用は、これまでは十分に進んでこなかったため、国内における取引市場などのボランタリーカーボンクレジットの流通を支援するサービスニーズも低かった。また、全国大の排出量取引制度であるGX-ETSは、前述のとおり、2023年度から試行的に開始されたところであり、当該制度から創出される超過削減枠の取引ニーズは、どんなに早くとも2024年度以降（最速で特別創出枠の取引が生じるタイミング以降）にしか生じない。また、JCMについては、現状、原則として政府に帰属するものであり、民間企業が利用・取引をすることが困難な状況であった。

図4-5　J-クレジット 入札販売の結果推移

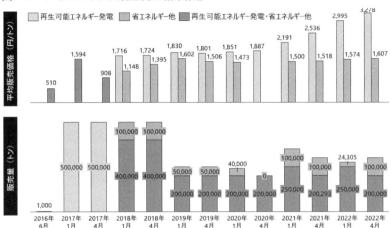

出所) J-クレジット制度事務局「J-クレジット制度について (データ集)」(2023年4月) を基に野村総合研究所作成

　一方、J-クレジットについては、これまでも、政府保有クレジットなどの入札販売という形で、オークション (入札) が行われてきた。2016年6月以来、年2回のペースで、J-クレジットの大口活用者向けに、政府保有クレジットの入札販売がJ-クレジット制度事務局により実施されてきた。[121]

　図4-5に示すとおり、J-クレジットの入札では、一定規模の取引が行われてきた。しかし、頻度が年2回であること、販売されるのがJ-クレジットのうち政府保有分のみであること、政府の委託を受けたJ-クレジット制度事務局に対して入札書の郵送などにより入札を行うという形式であったことから、必ずしも柔軟な取引が実現されているとは言い難い状況であった。また、民間企業間のJ-クレジットの取引に関しては、以前から一部の事業者によってマーケットプレイス型の取引市場サービスなどが提供がされてきた。しかし、これらの取引市場が大きく着目され、活発に取引がなされるような状況ではなかったといえる。実際に、前述の経済産業省のカーボン・クレジット・レポート (2022年6月) においても、「国内におけるカーボン・クレジットの流通は相対取引が主であり、その取引量や

価格は不透明な状態」とされており、取引市場事例についても、グローバル事例は多く示されている半面、国内事例は示されていなかった。

近年の国内取引市場における動き

前述のようなこれまでの状況に対して、近年は、国内におけるカーボンクレジットと排出量（枠）ニーズ拡大をにらみ、国内における取引市場の設立に関する動きが、活性化してきている。表4-2に代表的な事例をいくつか示す。

まず、e-dashは、2022年2月に創業された三井物産の100％子会社であり、CO_2排出量可視化・削減サービスプラットフォーム「e-dash」を提供する。同社は、「品質の高いクレジットへ、誰でも手軽にアクセスできるように」することをビジョンに掲げ、同年7月より、同社によると国内初となるオンライン上のカーボンクレジット取引市場であるe-dash Carbon Offsetのサービス提供を開始した。米国の気候変動テクノロジー企業、Patch Technologiesと提携し、まず、海外のボランタリーカーボンクレジット（VCSやGSなど）を対象としたサービスを開始した。同サービスは、マーケットプレイス型の取引市場であり、オフセット量0.01トンからの購入が可能で、会員登録や月額利用料なしで利用ができるため、誰でも気軽にサービスを利用することができる[149]。そして、2023年6月には、J-クレジットプロバイダーであるイトーキと連携し、e-dash Carbon Offsetにおいて、J-クレジットの販売を開始した[150]。同社によると、「民間主導によるオンラインマーケットプレイスでのJ-クレジットの取り扱いは日本初の取り組みであり、J-クレジットの調達ハードルを下げることで、国内におけるJ-クレジットの活用や取引の活性化に貢献」するとされている。e-dash Carbon Offsetのユーザーは、希望する種類のJ-クレジットを、希望のタイミングで、EC（electronic commerce）感覚で、1トン単位から購入することができる（J-クレジットの取引に関しても会員登録や月額利用料なし）。

表4-2 日本国内における排出量(枠)・カーボンクレジットの取引市場設立の動き

事業者	サービス(事業)名	概要
e-dash	e-dash Carbon Offset	・2022年7月、国内初となるオンライン上のカーボンクレジット取引市場として、ボランタリーカーボンクレジット(VCSやACRなど)の提供を開始 ・2023年5月末に、ボランタリーカーボンクレジットに加えて、J-クレジットの取り扱いを開始
渋谷フレンド グリーンエナジー	日本カーボンクレジット 取引所	・2023年6月、ウェブ上で売買が完結するカーボンクレジット取引所の事前登録を開始 ・2023年後半にβ版をリリースし、2024年にグランドオープンをする予定
アスエネ・ SBIホールディングス	Carbon EX	・2023年6月、アスエネとSBIホールディングスがカーボンクレジット・排出権取引所の開設を目指す新会社「Carbon EX」を共同設立 ・ボランタリーカーボンクレジット、J-クレジット、非化石証書などの幅広いカーボンクレジットやESG商品を取り扱うカーボンクレジット・排出権取引所の設立を目指す
enechain	eSquare for GX	・2023年7月、同года の電力の取引所において環境価値の取り扱いを開始したことを発表 ・J-クレジット、非化石証書、グリーン電力証書などを取り扱う
Sustech	CARBONIX Exchange	・2023年7月、カーボンクレジットをはじめとする環境価値を透明性高く取引するためのプラットフォームの開発に着手したことを発表 ・マーケットプレイス型と取引所型の仕組みを構築する予定
東京証券取引所	カーボン・クレジット 市場	・2022年9月から2023年1月にかけて、J-クレジットを対象とした市場取引(及びGXリーグの超過削減枠の模擬売買)実証を実施 ・2023年6月、カーボン・クレジット市場開設を発表 ・2023年10月に売買を開始する予定

出所)各社公表資料を基に野村総合研究所作成

203

次に、渋谷ブレンドグリーンエナジーは、2021年創業の渋谷ブレンドのグループ企業で、2023年4月に創業された。同社は、2023年6月に「日本カーボンクレジット取引所（JCX）」の事前登録を開始した。[151]同社によると、当該取引所は、「これまで相対取引や入札によるクローズドな方法が中心だった国内のカーボンクレジット取引に流動性や価格の可視性を提供し、市場の活性化に貢献」するものであり、ウェブ上で売買が完結する点が特徴である。2023年度下期には、ベータ版がリリースされ、その後、2024年度初期に本格稼働が予定されている。

続いて、アスエネとSBIホールディングス（以下、「SBI」）は、2023年6月に、カーボンクレジット・排出権取引所の開設を目指す新会社「Carbon EX」を共同設立した。[152]アスエネは、CO2排出量「見える化」・削減クラウドサービスを展開する事業者であり、カーボンクレジットの売買などのノウハウも有する。一方、SBIは、多様な金融サービス事業を展開する事業であり、私設取引システム（PTS）運営の知見・ノウハウを有する。両社が50％ずつ共同出資を行い、双方のノウハウを活かしながら、ボランタリーカーボンクレジット、J-クレジットなどの幅広いカーボンクレジットと、ESG商品を取り扱うカーボンクレジット・排出権取引所の開設準備を進めるとしている。

enechainは、2019年に創業したエネルギーのマーケットプレイスを運営するスタートアップである。同社は、2023年7月に環境価値の売り買いができるオンライン取引所「eSquare for GX」のサービスを発表した。同社は、従来より電力の取引所である「eSquare」を運営してきたことから、その運営ノウハウと顧客網を活かして、環境価値の取り扱いにも参画をした。J-クレジットなどのカーボンクレジットのみならず、非化石証書などの環境価値も取り扱い、環境価値を創出する事業者や利用者、トレーダーに対して、価格の透明性と取引の流動性を提供するとしている。[153]

次いで、Sustechは、脱炭素化支援プラットフォームや分散型電力運用プラットフォームを運営する2021年創業のスタートアップである。同社

は、2023年7月に、カーボンクレジットをはじめとする環境価値を取引するためのサービスとして、「CARBONIX EXCHANGE（仮称）」の開発に着手したことを発表した。CARBONIX EXCHANGEは、マーケットプレイス型と取引所型の2つのユーザーインターフェイスを持つ予定で、ユーザーごとのニーズに応じた取引の実現を目指す。また、同社は、温室効果ガス排出量算定ツールである「CARBONIX」を提供している。本ツールとの連携により、ユーザー企業は、自社の排出削減目標などに応じたカーボンクレジットの活用に関する戦略策定から実行までを一貫して実施できるようになることが期待される。[154]

そして、JPXグループの東京証券取引所は、2022年9月から2023年1月にかけて、J-クレジットを対象とした市場取引（及びGXリーグの超過削減枠の模擬売買）実証を実施した。そして、その成果を基に、2023年10月をめどにカーボンクレジット取引市場を解説するとしている。これらの取り組みについては、次項で詳細に紹介する。

表4-2に示した以上の事例以外にも、事業構想段階や実証フェーズのものも含めて、国内における排出量（枠）・カーボンクレジット取引市場関連サービスに関する多くの取り組みがなされている。例えば、2023年3月に住友林業とNTTコミュニケーションズは、J-クレジット制度の森林由来カーボンクレジット創出・流通を活性化するプラットフォームサービス提供に向けて両社が協業を開始した。同年4月よりPoC（概念実証）を開始し、森林由来カーボンクレジットの創出、審査、活用の支援に加えて、取引マッチング機能を有する「森林価値創造プラットフォーム」の創出を目指している。[155] また、同年6月に、SOMPOホールディングスは、Web3基盤を活用したカーボンクレジットの創出と流通基盤の構築に関する実証実験を開始することを発表した。[156]

以上のように、2022年度ごろから、取引市場設立関連の動きが急速に活性化している。このような動きの背景には、今後、日本国内において、カーボンクレジットや排出量（枠）の利用ニーズが高まること、それらの

供給（創出）が拡大することに対する期待がある。

　GX-ETSにおいては、自らが掲げた目標に対して排出削減が十分でない企業は、J-クレジットや超過削減枠などを利用して不足分をオフセットすることが求められている。そのため、今後、GX-ETSの第1フェーズ終了（2025年度末）後に向けて、J-クレジットの利用拡大や超過削減枠の利用ニーズが生じる可能性がある。また、日本国内においても、ボランタリーカーボンクレジットの価値が（制度的もしくはマーケット的に）認められるようになり、日本企業によるボランタリーカーボンクレジットの利用が拡大する可能性も考え得る。

　また、J-クレジットの方法論拡充や手続き簡略化などが進むことで、今後、J-クレジットの供給（創出）の拡大が期待される。民間企業によるJCMの創出が進み、企業間での売買も顕在化してくる可能性も考えられる。さらに、GX-ETSにおいて、2025年度に向けて排出量を十分に削減した企業により、超過削減枠が創出されることも期待される。

　このように、カーボンクレジット・排出量（枠）の利用ニーズと供給が増加することで、それらの売買ニーズが高まり、今後とも取引市場設立やサービス拡大の動きが続くことが期待される。

4.3.2 東京証券取引所 カーボンクレジット市場実証 とその後の動向

　前述のとおり、国内における排出量（枠）・カーボンクレジットの取引所設立に向けて、2022年度に経済産業省からの委託事業として、東京証券取引所による実証事業が行われた。以下に、その背景、概要、結果、その後の動きを示す。[157][158]

実証の背景
　前述のとおり、国内のカーボンクレジット取引は、主に相対取引によっ

て行われてきた。相対取引では、カーボンクレジットの追加属性（方法論・実施者・ビンテージなど）を加味した取引が容易であるというメリットがある一方で、取引価格が開示されず透明性が低くなることや、流動性が低い（取引が活発に行われない）といった課題がある。また、2023年度より始まるGX-ETSでは、超過削減枠の売買を行う仕組みの設立も必要となる。

　そこで、国内のカーボンクレジット・超過削減枠の価格指標を示すことができ、流動性を高めたカーボンクレジット取引を実現するために、経済産業省による委託事業（2021年度補正予算事業）の形で、カーボンクレジット取引所設立に向けた試行的な取引を行う実証事業（「カーボン・クレジット市場の技術的実証等事業」）が行われた。

実証の概要

　2022年9月から2023年1月にJ-クレジットの市場取引、2022年11月から2023年1月にGXリーグの超過削減枠の模擬売買が実証事業として実施された。J-クレジットの取引実証では、2022年11月半ば以降から政府保有分のJ-クレジット販売を行ったり、2023年1月に売買区分を変更したりするなど、実証条件を変えつつ、実際の価値の移転（金銭）を伴う売買が行われた。一方、GXリーグの超過削減枠については、超過削減枠の取引に係るシステム操作体験やユーザーインターフェースの検証を目的として、実際の資金決済を伴わない模擬的な売買が実施された。

　超過削減枠取引に関する実証の参加者としては、GXリーグ賛同企業に参加の呼びかけがなされ、また、J-クレジットの取引実証では、GXリーグ賛同企業以外の企業・団体に対しても広く参加者が募られ、最終的に183の企業・地方自治体などが実証に参加し、137の企業・地方自治体などが取引権限を持たず、システムアクセスのみを行う「参照者」という形で実証に参加した。次頁の表4-3にカーボンクレジット市場実証におけるJ-クレジット取引のルール概要を示す。

表4-3　カーボンクレジット市場実証におけるJ-クレジット取引のルール概要

対象クレジット	J-クレジット（国内クレジット・J-VER制度の移行型・未移行型および地域版J-クレジットなども含む。2023年11月16日以降は、政府保有分J-クレジットも対象）
実証期間	2022年9月22日～2023年1月31日（85営業日）
約定の方法	節立会（午前1回11時半、午後1回15時）、価格優先
売買区分	2022年12月まで：大分類である方法論体系7分類と個別方法64種（2段階の階層の売買区分） 2023年1月から：クレジット活用用途に応じた6分類
注文の種類	指値注文のみ
取引単位	1 t-CO$_2$
呼値の単位	1円
基準値段	①直前の節立会における約定値段、②直前の節立会と同一の基準値段又は参考価格
制限値幅	基準値段に100%を乗じた値
取引参加者	実証参加者
決済日	約定成立日から起算して6営業日（T＋5）
決済方法	代金（買い手）及びクレジット（売り手）の授受
価格公示	約定価格・量を日報として、JPXのカーボン・クレジット市場ウェブサイトに日々公開 情報ベンダー（QUICK、Refinitiv、Bloombergなど）経由でも配信

出所）日本取引所グループ・東京証券取引所「カーボン・クレジット市場」の実証結果について」（2023年3月22日）を基に野村総合研究所作成

　当該実証の特徴として、クレジットの流動性が株式などに比べると高くないと想定されることから1日2回の約定とした点、小口注文にも対応可能なように1トン単位での売買を可能とした点、急激な価格変動を防ぐために基準値段と制限値幅を設けた点などが挙げられる。また、約定価格・数量などは、JPXのカーボン・クレジット市場ウェブサイトにおいて、日報の形で日々公開がなされ、さらに情報ベンダー（QUICK、Refinitiv、Bloombergなど）の情報端末を通じても配信がされた。

　さらに、売買区分については、実証の途中で変更が行われた。実証開始時から12月までは、大分類である方法論体系ごと（7分類）と個別方法論ごと（64種）の2つの階層を交えた合計71種類の売買区分が設定された。これは、流動性を高めるために、銘柄が多数になるプロジェクトごとの売買ではなく、一定の標準化をした単位の取引を行うことが目的であった。しかし、2023年1月からは、これらをさらに標準化し、方法論体系レベルの6分類（省エネルギー、再生可能エネルギー〈電力〉）、再生可能エネルギー〈熱〉、再生可能エネルギー〈電力・熱〉、森林、その他）に見直しを行い、売買区分の変更が与える市場流動性の変化やユーザーの嗜好についての検証が行われた。

実証の結果

　85営業日の実証期間中において、売り注文220件、買い注文342件があり、163件が約定した。これらの取引による総売買高は、約15万t-CO2eで、売買代金は約3億円となった。売買主体別にみると、約定数量に占める民間事業者のシェアは56%（それ以外は国・地方自治体）であり、政府-民間の取引が88%、民間同士の取引が12%程度となった。

　クレジットの種類別にみると、再生可能エネルギー由来J-クレジットと省エネルギー由来J-クレジットが大半を占めており、森林吸収由来クレジットの取引は僅少であった（次頁の図4-6）。取引価格は、再生可能エネルギー由来J-クレジットが1,300 〜 3,500円/t-CO2（加重平均2,953

図4-6　実証期間中におけるJ−クレジット売買実績

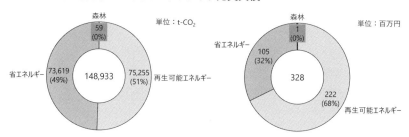

出所）日本取引所グループ・東京証券取引所「カーボン・クレジット市場」の実証結果について」(2023年3月22日)を基に野村総合研究所作成

円/t-CO2)、省エネルギー由来J-クレジットが800 ～ 1,600円/t-CO2 (加重平均1,431円/t-CO2)、森林吸収由来J-クレジットが10,000 ～ 16,000円/t-CO2 (加重平均14,571円/t-CO2) であった。また、売買区分の変更前後では、売買区分を実証当初の71分類から6分類に変更したことで取引量の増加が確認された (区分変更後の営業日は全期間の約4分の1であったが、この間に約4割の取引が成立した)。

さらに、日々の取引結果を公表する日報に関して、カーボン・クレジット市場ウェブサイトの日報ページには、期間中平均193件/日のアクセス、835件/日のファイルダウンロードがあり、実証参加者からは「市場での取引量や価格の推移をみることで売買方針がより具体的に検討しやすくなった」との声もあげられた。

実証結果の考察

まず、183の企業・地方自治体などが本実証に参加して売買を行い、137が参照者 (システムアクセスのみの参加形態) として登録したことことから、取引所におけるカーボンクレジット取引に対して、既に多くの企業による一定のニーズがあることが確認できたといえる。実証とはいえ、実際に金銭を伴う売買が行われる取り組みに多くの事業者が参加し、多数の約定がみられたことは、取引所取引に対する企業などのニーズの現れといえ

るだろう。

　また、本実証では、カーボンクレジット取引所における取引の頻度・量・価格が公表され、多数のユーザーが、その情報にアクセスしていたことから、取引所がJ-クレジットの価格「見える化」に貢献し得ることも示された。従来は、政府による年2回の入札販売に関する情報しか公開されていなかったのに対して、本実証では、日々の取引における価格などが公開されるようになったことに加え、これまでは公開されることのなかった企業間相対取引の取引情報の一部が可視化された。

　さらに、本実証では、実証期間中に売買区分の変更を行い、その前後で取引量の変化が生じたことから、適切な売買区分の設計が流動性向上のために重要であることも改めて確認された。売買区分が詳細であるほど、カーボンクレジットの特性に応じた売買が可能となるメリットがある半面、各売買区分ごとの取引に厚みが出ず、価格としての指標性が失われる。本実証では、売買区分を71種から6種に変更したことで取引量が増加しており、参加者へのアンケートでも変更後の売買区分が望ましいという声が多く聞かれた。ただし、一部の参加者は変更前の売買区分が望ましいと述べており、売り手・買い手のニーズは一様ではない。そのため、売買区分の設計においては、市場参加者のニーズをしっかりと把握したうえで、適切な単位に設定することが重要であるといえる。

実証後の動き

　東京証券取引所は、2023年6月に前述の実証から得た知見と市場運営の経験を活かして、常設のカーボン・クレジット市場を開設することを発表した。[159] そして、2023年7月にカーボン・クレジット市場に参加するための参加者の登録申込みの受付を開始し、システム接続テストなどを経て、2023年10月を目途に市場を開設し、売買を開始する予定であることを示した。

　まずは、J-クレジットのみ（国内クレジット、J-VER制度の移行型・未

移行型、地域版J-クレジットなども含む）を対象として開始をするとされており、その市場制度は、基本的に2022年度の実証の形態が踏襲されている（ただし、取次を不可とする、インボイス制度への対応する、制限値幅を基準値段の100%から90%に変更する、J-VER制度関連の売買区分を変更するなどの点は実証と異なる）。

　当該市場の利用に関しては、①登録料、②参加者保証金、③基本料、④売買手数料、⑤決済手数料が規定されているが、これらの料金などは、当面の間はいずれも無料とする方針が示されている。この点について、東京証券取引所は、「早い段階からなるべく多くの方に本市場に参加いただき、本市場で取引いただくことで、本市場の活性化と利便性向上を図ることが望ましいと考えられること」を理由としている。

　以上、みてきたようにJPXグループの東京証券取引所は、国内におけるカーボンクレジット・排出量（枠）の取引所取引のニーズ拡大・顕在化を見据えて、大規模な実証事業による試行を実施し、その結果を踏まえてカーボンクレジット市場取引所を設立することとなった。東京証券取引所の既存事業におけるノウハウと実証を通じて得た成果、その後の動きに鑑みると、今後、当該カーボンクレジット市場が国内におけるカーボンクレジット・排出量（枠）の取引所取引において中核的な役割を担っていくことが想定される。

4.3.3 日本におけるカーボンクレジット・排出量(枠)取引市場の見通し

　前述のとおり、日本国内におけるカーボンクレジット・排出量（枠）の取引市場は、これまで多く取引がなされるような主要なサービスが成立していない状況であった。しかし、国内においてもカーボンクレジットや排出量（枠）の利用ニーズが高まり、供給（創出）も拡大することが期待されるなか、近年（特に、2022年度ごろ以降）、取引市場の設立に関する動き

が急激に活性化してきている。そのなかでも、東京証券取引所は、2022年度に多数の企業・地方自治体などが参加する実証事業を行い、この成果を踏まえて、カーボンクレジット取引市場（取引所型の市場）を2023年度に開設する。今後、当該取引所が国内のカーボンクレジット、排出量取引において中核的な役割を担っていく可能性が想定される。

　しかし、日本国内のカーボンクレジット・排出量（枠）取引市場の今後に関して、必ずしも、このような取引所へ一本化が進むのではなく、他のマーケットプレイス型やオークション型の取引市場、その他の取引所型の取引市場も共存していく可能性が考えられる。なぜならば、カーボンクレジットなどの取引に関して、取引市場に求められる要素として「流動性・価格指標性」と「付随価値の反映」が想定されるが、単一の取引市場によって、これらを両立させることは容易ではないと考えられるためである。

　カーボンクレジットなどの売買を行う際に、価格の透明性や取引しやすさ（いつでも、価格への影響を抑えて、大量に取引できること）を求めるユーザーニーズに対応するためには、取引における売買区分を絞り込んで、価格指標性・流動性を向上させることが重要である。このため、前述のとおり、東京証券取引所によるカーボンクレジット市場は、J-クレジットについて、60を超える方法論や約900件の個別プロジェクト単位ではなく、6分類に標準化した売買区分が設定された。一方、そうすると異なる追加属性（方法論・実施者・ビンテージなど）を持つ複数のカーボンクレジットがひとつの区分にまとめられ、個別のカーボンクレジットなどが持つ特性を加味した取引ができなくなる。そのため、このような付随価値を反映した取引を行う際には、売買区分を多く持つことが求められる（そして、このニーズを突き詰めると、個別のカーボンクレジットの売買を行うこと、すなわち相対取引とすることにゆきつく）。このようにカーボンクレジットの取引に関しては相反するニーズが存在し、これらをひとつの取引形態で満たすことは、ほぼ不可能であると考えられる。

　前述のとおり、国内では、J-クレジットはこれまで相対での取引が主で

図4-7 カーボンクレジットなどの取引市場に求められる要素

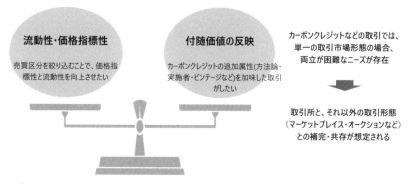

流動性・価格指標性

売買区分を絞り込むことで、価格指標性と流動性を向上させたい

付随価値の反映

カーボンクレジットの追加属性(方法論・実施者・ビンテージなど)を加味した取引がしたい

カーボンクレジットなどの取引では、単一の取引市場形態の場合、両立が困難なニーズが存在

取引所と、それ以外の取引形態(マーケットプレイス・オークションなど)との補完・共存が想定される

出所) 野村総合研究所作成

あり、流動性や価格指標性を高めた取引形態が求められてきたことから、取引所型の市場の設立が進められてきている。海外のボランタリーカーボンクレジット取引についても、価格透明性があり、取引も容易な取引所取引が求められたことから取引所が設立され、流動性向上を支えてきたといえる。しかし、昨今、ボランタリーカーボンクレジットの信頼性不安に関する報道がなされ、グリーンウォッシュに対する懸念が高まってきたことで、カーボンクレジットの利用者としては、VCSやGSといった国際的な認知の高い認証制度によるカーボンクレジットであっても、個別の方法論・プロジェクトのレベルまで内容を把握し、その適格性を判断する必要性が、一部で生じてきている。また、ブルーカーボンやDACのなどのコストの高い新たな方法論に基づくカーボンクレジットが創出されるなど、カーボンクレジットに付加される情報が増加・多様化してきている。そのため、取引所取引で一定の売買区分に標準化されたカーボンクレジットを取引するのではなく、マーケットプレイス型のサービスなどを活用し、方法論・プロジェクトのレベルまでの確認を行ったうえでカーボンクレジットの売買を行うニーズも高まってきているといわれている。前述のとおり、ボランタリーカーボンクレジット取引所として世界最大手のXpansivが2022

年末に「CBL Auctions」を立ち上げ、特定のカーボンクレジットを対象としたオークション型のサービス提供を開始したことは、こういったクレジットユーザーのニーズにも対応してのことと解釈できる。

このように、カーボンクレジットなどの取引市場には、売買を行うユーザーのニーズに応じて、さまざまな形態が必要である。そのため、今後、カーボンクレジット・排出量（枠）の取引市場は、流動性・価格指標性を求めた取引所における取引と、個別のカーボンクレジットの特性を加味した取引を求めたマーケットプレイス型やオークション型といった、その他の取引形態における取引が補完し合いながら共存していくことが想定される。

なお、排出量（枠）取引のみに限っていえば、東京証券取引所によるカーボンクレジット取引市場（取引所）、もしくはその他の特定の事業者による取引所が支配的なポジションを築いていく可能性も想定される。なぜならば、GX-ETSにおける超過削減枠のように排出量取引で売買される排出量（枠）は、基本的にはカーボンクレジットに求められるような追加情報が求められないためである。また、制度設計次第では、特定の取引所においてのみ取引が許容される可能性もある。このように排出量取引制度における排出量（枠）の売買が特定の取引所に寡占化され得ることは、欧州におけるEU-ETSの排出枠（EUA）の取引が実質的にICE Endex と EEXに寡占されている状況からも想定され得るだろう。

最後に、ここまでグローバルなカーボンクレジットなどの取引市場と、国内カーボンクレジットなどの取引市場の動きを分けて述べてきたが、カーボンクレジットの取引は、必ずしも特定の国に閉じるものではない。特に現在、カーボンクレジットマーケットにおいて最も流通量が多いボランタリーカーボンクレジットは、多くの場合、特定の国や地域に閉じて創出・償却されるものではなく、国境をまたいでグローバルに売買されるものである。今後、パリ協定6条の議論を受けて国際的に移転することを前提としたカーボンクレジット取引がさらに拡大する可能性もある。

そうしたなか、前述のとおり、海外の取引市場は、既にグローバルなカーボンクレジット・排出枠の取引を対象としている。例えば、シンガポールは、グローバルなカーボンクレジットの取引ハブになることを目標に掲げており、その背景の下、CIXが設立され、実際にグローバルなカーボンクレジットの取引を担ってる。さらに、シンガポールは、「Climate Action Data Trust」というパリ協定の国際排出量取引や世界的なボランタリーカーボンクレジットの取引情報を収集するデータベースの拠点を誘致しており、カーボンクレジット・資金・情報をシンガポールに集中させるための戦略的な活動を行っている。日本国内で設立されたカーボンクレジット取引市場や関連サービスも、このようなグローバルな取引市場との競争に晒されることが想定される。今後、こうした状況下でも、国内のカーボンクレジット取引市場が競争力のあるサービスを磨き、発展をしていくことが期待される。

5

排出量取引・カーボンクレジットにかかわる事業機会

5.1 関連プレーヤーと事業機会

　排出量取引とカーボンクレジットに関連して、プロジェクトの組成から
その利用に至るまでの一連の流れにおいて多くの業務が発生する。そして、
これに応じて多くのステークホルダーが関与し、今後、新たな事業機会が
生まれることが想定される。そこで、本章では、排出量取引とカーボンク
レジット関連業務の各ステップにおいて、どのようなプレーヤーがかかわ
りを持つかについて述べ、今後考えられる事業機会についての例示を行い
たい。

　なお、排出量取引制度では、排出枠の創出方法や売買・利用方法が比較
的限定的な場合が多く、カーボンクレジットと比較するとバラエティーに
富んだ事業機会が基本的には想定しにくい。そのため、図5-1に示すとお
り、以下で取り上げる「新たな事業機会仮説」は、カーボンクレジットに
かかわるものの数が多くなっている。ただし、このような事業機会仮説の
バラエティーや数の少なさをもって、必ずしも排出量取引制度関連の事業
機会のインパクトや規模が小さいということではない点に留意いただきた
い。

5.1.1 プロジェクト組成・排出量削減／除去吸収活動における事業機会例

　排出量取引とカーボンクレジットにおいて、まず、想起される事業機会
は、排出削減などを行う当事者企業として、排出枠やカーボンクレジット
を創出し、売却することであろう。これらの企業は、排出量取引制度のル
ールやカーボンクレジットの方法論を正しく理解したうえで、排出削減・
除去吸収活動の計画策定、活動の実行、進捗管理を行う必要がある。具体
的には、排出量取引制度においては、自社の排出活動・排出量の適切な把
握に始まり、電化や再生可能エネルギー導入、燃料転換などの削減手段の

図5-1 排出量取引・カーボンクレジットに関する事業機会仮説（一例）

		プロジェクト組成	排出削減・除去・吸収活動	ファイナンス	審査/検証	クレジット/枠創出	取引市場/仲介	オフセット製品・サービス提供	利用
業務概要	クレジット取引	・クレジット創出に関するプロジェクトを企画・立ち上げ	・実際の削減・除去・吸収活動の運用	・クレジット創出プロジェクトに関する資金提供	・削減活動などの適格性審査・検証	・クレジットの発行	・クレジットの取引所取引・相対取引	・利用表記するオフセット製品・サービス提供	・クレジットの利用（オフセット実施）
	排出権取引	・超過削減枠創出のための削減活動の企画・立ち上げ	・実際の削減活動の運用	・削減活動にかかわる資金提供	・排出量審議などの検証	・超過削減枠の創出	・超過削減枠の取引所取引 ※当該取引は2026年の制度開始以降	・—※ ※基本は想定されないが今後の動向次第で提供形態が変容	・超過削減枠の利用
主なプレーヤー例		・デベロッパー（含む自治体・NGO）・オペレーター ・多排出企業など		・金融機関 ・投資家	・第三者検証機関	・政府 ・ボランタリー・カーボンクレジット運営者	・取引所 ・仲介・卸売事業者	・各種製品・サービス製造・販売事業者	・各企業 ・消費者など
想定される事業機会仮説例※		・吸収系・ブルーカーボンなどの新方法論によるクレジットの開発 ・超過削減枠の創出	・各種削減ソリューション ・創出リスクなどにかかわる保険商品	・出資・資金提供 ・クレジット価格情報提供サービス	・ETSに伴う企業単位・高精度の保証業務 ・検証業務向けDXソリューション	・国内ボランタリーカーボンクレジット創設 ・クレジットなど運営管理システムのトータルソリューション	・個別ニーズに対応し得るマーケットプレイス運営 ・デリバティブなどの金融ソリューション ・売買支援ソリューション	・オフセット製品・サービス提供基盤 ・クレジット・トークン化ソリューション	・… ・…
		・MRV高度化・自動化ソリューション							

※あくまで例示であり、これらに限られるものではない
出所）野村総合研究所作成

図5-2 プロジェクト組成・排出削減/除去吸収活動に関する事業モデル例（イメージ図）

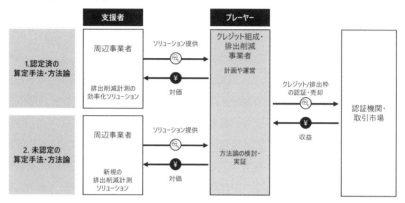

出所）野村総合研究所作成

検討、進捗管理などが必要となる。また、カーボンクレジットについては、参加するクレジット制度や方法論に加えて、国内外を含めたプロジェクト実施場所の検討や、それに伴うカントリーリスクなども踏まえたプロジェクト計画の作成も求められる。カーボンクレジットでは、各認証制度においてあらかじめ定められた方法論に則った算定・実績報告を行うことになるが、一方で、今後新たに登録されるクレジットの方法論を見据えて、モニタリング方法の検討や実証を行うことも考えられる。このことから、排出削減の領域においては、排出削減を行う当事者企業に加えて、効率的な方法や新たなモニタリング手法を開発するため、デジタルソリューションを持つ支援者企業と協業する動きなどもみられる。

　以下では、カーボンクレジットにかかわる事業機会の具体例として、国内における既存方法論関連の事例、国内でノウハウを確立した方法論の海外展開関連の事例、海外における新規方法論開発関連の事例の3つを紹介する。

　まず、国内における既存方法論関連の事例について紹介する。ENEOSとパスコは、2023年5月に航空機に搭載したレーザーで収集する情報を基

に森林が吸収するCO_2の量を計測し、カーボンクレジットを創出する事業を始めたと発表した。[160]森林吸収由来のカーボンクレジットの創出自体は、国内制度のJ-クレジットでも認められており、ENEOSも従来から取り組みを推進しているところである。[161]森林管理によるクレジット創出には、森林の状態に関する情報を収集する必要があるが、これらの作業を人手によって行うと、管理者による負担が大きい。そこで、両社は、これらの作業において、パスコが保有する航空レーザー計測や人工衛星を活用したモニタリング、森林資源解析、空間情報処理技術を活用することとした。両社は、この連携により、CO_2吸収量算定作業の効率化を図り、1万ヘクタール規模の広大な森林を対象とした森林吸収由来J-クレジット創出を目指す。本取り組みは、既存の方法論をより効率的に運用するため、プロジェクトデベロッパー・オペレータがソリューション提供企業と協業を進めている事例といえる。

　次に、国内でノウハウを確立した方法論の海外展開を目指す事例について紹介する。電源開発（以下、「J-POWER」）は2023年2月、海藻などが二酸化炭素を吸収する「ブルーカーボン」について、豪州で実証事業に参加すると発表した。[162]本事業では、地域産出の産業副産物である「スラグ」を大量に使用したコンクリートの代替材料を開発し、海洋ブロックを生産する。そして、これに付着する海藻類によるCO_2吸収によって、カーボンクレジットの創出を目指す。J-POWERは、2021年度にはブルーカーボンの国内のボタンタリーカーボンクレジット認証「Jブルークレジット」を取得している。[163]これらの活動により、藻の育成やCO_2吸収量の測定ノウハウなどを蓄積しており、それらを国外に広げる動きといえるだろう。実証場所は、豪州北東部のクイーンズランド州を予定しており、同州のセントラルクイーンズランド大学とブルーカーボン創出などの共同検討に関する覚書を締結している。国内で蓄積したノウハウを基に海外展開を行うことで、特定の方法論における先駆者的ポジションの獲得、プロジェクトの規模拡大などの狙いがあるものとみられる。

最後に、海外における新規方法論開発関連の取り組みを紹介する。三菱商事は、2021年5月、スイスのSouth Poleと二酸化炭素回収・有効利用・貯留（Carbon Capture Utilization and Storage：CCUS）由来のカーボンクレジットの開発・販売事業に関する協業契約を締結した。[164]CCUSは、CO_2を回収して貯留・有効利用するものであり、その普及への期待はグローバルに高まっている。しかし、大規模な社会実装に向けては、技術革新やコスト低減が課題となっており、三菱商事は、こうした課題に取り組み、CCUSなどの普及拡大を目指すものであると想定される。三菱商事は、2025年までに累計100万トン以上のクレジットを扱うことを目指しており、ボストン・コンサルティング・グループ（BCG）、LGT、Swiss Re、UBSに加えて日系企業としては、商船三井が既に購入を予定している。[165]

5.1.2 ファイナンスにおける事業機会例

排出枠やカーボンクレジットの需要が拡大し、技術ベースの除去・吸収系のプロジェクトなどのニーズも増加していることから、今後必要な新技術の開発や大規模設備の導入、プロジェクト組成・運用などのためのファイナンスニーズも拡大していくことが見込まれる。このため、金融機関などが、この流れを新たな事業機会として捉え、当該領域へのファイナンスを拡充することが想定される。

日本国内においては、GX-ETSの制度運用が開始されるだけでなく、政府が2023年度からGX経済移行債を発行し、2050年までのカーボンニュートラルに必要とされる官民合わせて150兆円超の資金の呼び水とする予定である。[166]このような背景のなか、排出量取引に関連して、GXリーグ参画企業などに対する金融商品が拡充されることも想定される。また、カーボンクレジットに対するファイナンスについても、プロジェクトデベロッパーなどに対する資金提供や、個別のプロジェクトに対する出資の動きが増えることが予想される。以下では、国内金融機関のプロジェクト出資な

図5-3　ファイナンスに関する事業モデル例（イメージ図）

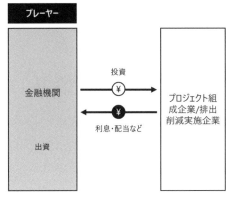

出所）野村総合研究所作成

どの動きに関する事例を紹介する。

　まず、日本政策投資銀行（以下、「DBJ」）は、2023年6月、米国南部の森林を主な投資対象とする森林ファンド（TIR Europe Sustainable Forestry and Natural Capital Fund SCSp SICAV-RAIF）への出資を発表した。当[167]ファンドを運営する親会社であるTimberland Investment Resourcesは、2023年3月末時点で、米国を中心に約35万2,000ヘクタールの森林に投資している。DBJは、2021年にも、同ファンドの前号ファンドにも出資をしており、世界の金融機関がカーボンクレジットの取引に参入するなか、DBJも森林ファンドへの出資を通じてノウハウの獲得を狙っているものといえる。

　三菱UFJ銀行は、2023年6月、グローバルな森林投資ファンドであるImprint Nature-Based Opportunities と Manulife Forest Climate Fundとの出資契約締結を発表した。同社は、両ファンドを通じて、財務リターンのみならず、カーボンクレジットの受領も目指しており、自らカーボンクレジットを保有しつつ、顧客とのエンゲージメントを通じた市場開拓に取り組むとしている。[168]また、三井住友銀行（以下、「SMBC」）も2022年末に、

南米を中心に植林事業を行う森林ファンドThe Reforestation Fundへの
出資契約を締結するなど[169]、森林吸収のプロジェクトに対する出資のケース
が増えている。

5.1.3 審査／検証における事業機会例

　排出量の削減を基に金銭的な価値を生み出すことになる排出量取引制度
やカーボンクレジットにおいては、その前提となる排出量や削減量の報告
について、制度運営者や第三者によって数値の妥当性の確認（すなわち、
審査・検証）が行われることが原則として必要となる。
　一方、これらの業務を主に担うこととなる第三者検証機関などは、排出
量取引制度やカーボンクレジットにかかわる排出量・削減量などの審査・
検証業務のみならず、自主的なESG開示情報に取り組む企業に対する審
査・検証業務も担っているが、これらの業務に対するニーズは昨今、急速
に高まってきている。また、各種開示においては、米欧を中心に保証水準

図5-4　審査／検証に関する事業モデル例（イメージ図）

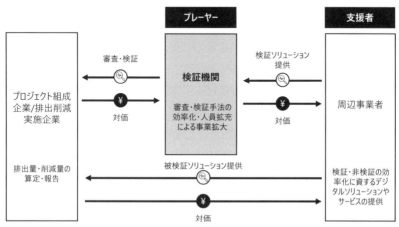

出所）野村総合研究所作成

224

が高まる動きがあり、今後、案件ごとにより多くの工数をかけた審査・検証を行うことが求められるようになっていくことが想定される。このように排出量取引制度やカーボンクレジット以外の面からも、第三者検証機関などに対する業務ニーズが拡大している状況の下、GX-ETSという新たに検証が求められる制度が開始され、かつ今後はGX-ETSやカーボンクレジットの審査・検証においても求められる保証水準が高まっていく可能性も想定される（図5-5）。そのため、今後は、排出量などを含む第三者検証業務への対応力強化が強く求められるようになることが考えられる。

　以上のように、高まる第三者検証ニーズに対応することは重要な社会的な課題であり、その解決には事業機会が想定され得る。これらの検証業務に関連して想定され得る課題と事業機会の仮説を図5-6に整理した。

　まず、検証業務へのニーズが高まることで、検証領域への第三者検証機関として新規参入する機会や既存の事業者が事業拡大を行う機会も高まるといえる。一方、検証は、専門性が求められる業務であり、短期での人員増が困難でもあるため、検証人員育成やマッチングなどのサービスにも事業機会が想定され得る。さらに、検証業務においては、その業務の流れの各段階において、多くの業務負荷がかかるポイントが存在する。例えば、多数の伝票チェック、排出事業所への現地訪問、データ不足・誤り発見による企業との追加コミュニケーションなどにおいて、多くの実務的な負担が生じている。そのため、こうした業務負担に対して、デジタルMRV（Measurement, Reporting and Verification：計測から報告・確認までの業務のデジタル化）や、報告書作成自動化ソリューション、バーチャル訪問ツールなどのソリューションを提供する事業機会が想定され得る。

　検証業務に関連した事業機会について、欧州の事例を紹介する。国際的な認証機関であるDet Norske Veritas（以下、「DNV」）は、2023年4月、海運業界向けに排出量のデータ管理とデータ検証エンジンから構成されるプラットフォーム「Emisssion Connect」を発表した[170]。これは、EU-ETSの第4フェーズにおける適用範囲拡大により、2024年から海上輸送もEU-

225

図5-5 第三者検証の保証水準に関する世界的な動向

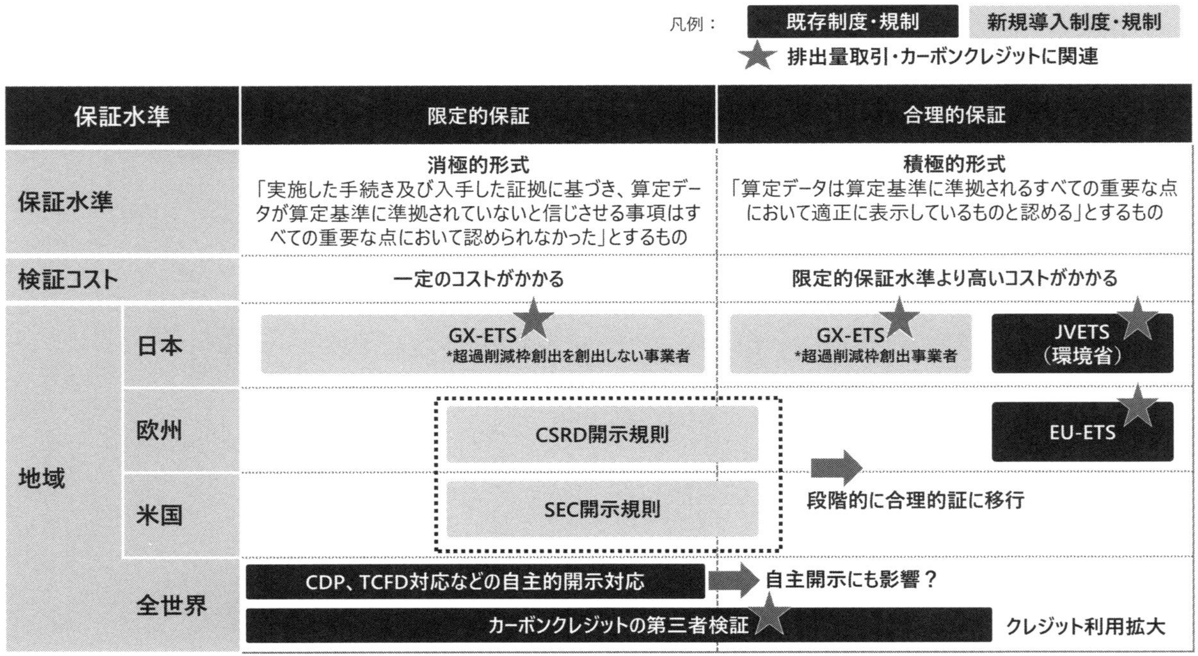

凡例： 既存制度・規制　新規導入制度・規制
★ 排出量取引・カーボンクレジットに関連

保証水準	限定的保証	合理的保証
	消極的形式	積極的形式
	「実施した手続き及び入手した証拠に基づき「算定データ」が算定基準に準拠されていないと信じさせる事項はすべての重要な点において認められなかった」とするもの	「算定データ」は算定基準に準拠されるすべての重要な点において適正に表示しているものと認める」とするもの

検証コスト	一定のコストがかかる	限定的保証水準より高いコストがかかる
地域		
日本	★ GX-ETS *超過削減枠を創出しない事業者	★ GX-ETS *超過削減枠を創出した事業者 ／ ★ JVETS (環境省)
欧州	CSRD開示規則	段階的に合理的保証に移行 → ★ EU-ETS
米国	SEC開示規則	
全世界	CDP、TCFD対応などの自主的開示対応 ／ カーボンクレジットの第三者検証	自主開示にも影響？ → ★ クレジット利用拡大

出所）野村総合研究所作成

図5-6 排出量の第三者検証関連のビジネス機会仮説

排出量取引における検証の流れ

- 0. 共通
- 1. 概要把握
- 2. リスク評価
- 3. 検証計画の策定
- 4. 検証計画の実施
- 5. 実施結果の評価
- 6. 検証意見の形成
- 7. 検証報告書の作成
- 8. 品質管理レビュー及び検証報告書の確定
- 9. 検証報告書の提出

検証業務における課題

- 専門性が求められ、短期でのキャパシティ確保が困難
- 検証機関・人員不足

- 多数の伝票チェック
- 排出事業所への現地訪問
- データ不足・誤り発見による企業との追加コミュニケーション
- データ確認・コミュニケーション、報告書作成などの実務的な負担

- 環境領域やISO・内部統制などの専門的な知見による算定・報告内容のレビュー
- 企業の算定意見が出せないリスク
- 専門領域の業務負担検証意見の不表明リスク

- 検証結果の誤りリスク
- 検証結果の誤りリスク

想定される事業機会

- 検証領域への新規参入
- 検証人員育成・マッチングサービス

- デジタル・MRVの導入
- 報告書作成 自動化ソリューション
- バーチャル現地訪問ツール
- 基幹業務のアウトソーシング

Measurement, Reporting and Verification

- AIによる検証補助

- 排出企業に対するコンサルテーション（報告体制構築による検証負荷軽減）

- 検証結果に対する保険提供

※事業機会の有望性は、制度ルールなどによっても影響される
出所）野村総合研究所作成

ETSの対象に含まれる予定である[171]ことから、今後発生する検証などのニーズに対応した動きであると想定される。Emisssion Connectでは、年次集計データにとどまらない、排出量にかかわる日々のリアルタイムのデータを蓄積し、DNVがプラットフォーム上で検証を行う。検証済の数値は、航海明細書の作成やEU-ETS報告値としての使用などにも利用可能であり、単一の情報源を複数の目的・用途に合わせて使用することができる。このように、排出量の算定・報告目的はもちろんのこと、検証済みデータを用いて業務効率化までにも取り組むことは、今後、事業者にとってのメリット向上につながり得る。

5.1.4 排出枠・カーボンクレジット制度の運用における事業機会例

　一定のルールや方法論を基に創出される排出枠やカーボンクレジットについては、目に見えない温室効果ガスの排出削減量を付加価値の源泉としている。その特性上、一定の基準やルールに基づき適切な業務プロセスで排出量算定のバウンダリーの特定から算定方法や削減量の認定、カーボンクレジットの方法論の登録から削減、除去・吸収量の認定、カーボンクレジットの発行までを実施しなければならない。この業務領域は、一般には各認証制度の運営主体が直接的に管理をするものである。具体的には、排出量取引制度であれば制度を定めている国や自治体、カーボンクレジットであれば国・自治体あるいは民間の認定団体がこれに該当する。そのため、あらゆる企業に広く事業機会が想定されるものではないが、例えば、前述の制度運営者に対して、環境価値創出に関するシステムやデジタル・ソリューションの提供をするといった事業機会が考えられる。また、ボランタリーカーボンクレジットの制度運営者側として、自主的なクレジット制度を創設する側に回ることも考えられる。例えば、ジャパンブルーエコノミー技術研究組合は、国土交通省の認可団体という立場であるものの、国内

で独自のボランタリーカーボンクレジットを運用している例である。[172]

5.1.5 取引市場／仲介における事業機会例

　国内における排出枠やカーボンクレジットの取引量は未だ限定的であるものの、今後の流動性向上にあたっては、取引所やマーケットプレイスなどのソリューションの充実が必要になる。取引市場における取引が一般的になることで、売買を行う企業にとっての利便性が向上することにとどまらず、相対取引主体の市場では困難であったカーボンクレジットの価格情報の把握ができるようになることによっても取引の増加につながり得る。前述のとおり、既に海外では、ボランタリーカーボンクレジットの取引所取引を提供するXpansiv/CBLなどがサービスを拡充することで、取引量を増やしている。同様に国内では、東京証券取引所が2023年10月を目途にカーボンクレジット市場の開設を予定しており、また、多くの民間企業

図5-7　取引市場／仲介に関する事業モデル例（イメージ図）

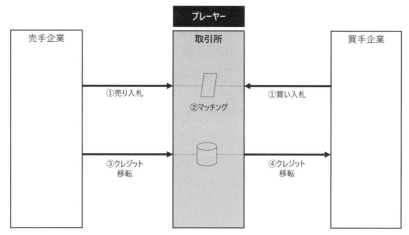

* 上記イメージは代表的な取引形態である取引所取引の例であり、マーケットプレイス型取引やオークション取引といった形態も存在
出所）野村総合研究所作成

229

が取引サービスへの参入を発表している。このような取引市場関連のサービス・事業機会事例の詳細は4章を参照いただきたい。

　前述のような取引市場の動きに加えて、取引仲介にかかわる事業機会も想定される。例えば、伊藤忠商事は、2023年6月、英国企業と提携し、EUが2026年から導入を決めている炭素国境調整メカニズム（CBAM）の適用を受ける日本企業向けに、EUA（EU-ETSの排出枠）を仲介売買する業務を始めると発表した。[173]欧州においては、既に排出枠の取引所取引を行う環境は整備されているが、今後、欧州へ製品を輸出する日系企業がCBAM対応を迫られるようになるなか、日本企業向けにEUAの取引仲介の需要が生じることを見込むものである。同社は、当該事業を200億円規模に育てることを目指している。

　さらに、取引市場や相対での取引が活性化するなかで、これらの取引をサポートするソリューションにかかわる事業機会も想定される。ここでは、その一例として、決済機能に関するソリューションの事例を紹介する。SMBCは2022年5月、カーボンクレジット取引の決済プラットフォーム「Carbonplace」に設立メンバーとして参画したことを発表した。[174]Carbonplaceは、ボランタリーカーボンクレジットの活用、市場拡大を目的として、複数のグローバル大手金融機関によって開発が進められている決済プラットフォームであり、設立メンバーには、UBS、Standard Chartered、BNP Paribasなどが含まれている。本プラットフォームを通じ、カーボンクレジットの売り手と買い手は、信頼性、透明性が確保された方法でカーボンクレジットを売買することができるとされている。具体的には、ブロックチェーン技術の活用により取引のトレーサビリティを確保するとともに、所有者のためのデジタル・ウォレットの提供などを通して、透明性の向上や二重計上リスクの軽減を図られる。[175]また、決済機能を提供するソリューションとして取引所との連携の動きもみられ、例えば、シンガポールのカーボンクレジット取引所であるCIXとの提携も発表されている。[176]

5.1.6 カーボンクレジットのオフセット製品・サービス提供における事業機会例

オフセット製品・サービズ提供とは、あらかじめ調達したカーボンクレジットを活用し、特定の製品・サービスの排出量オフセットを行い、既存の製品・サービスにカーボンニュートラルという環境価値を付加して利用者に提供することを指す。利用者観点では、自らカーボンクレジットの無効化手続きを行う必要がなく、環境価値が付加された製品・サービスを通常通り購入・利用すればよいため、オフセット製品・サービズ提供事業は、カーボンクレジットの調達から償却までの手続きを代行するサービス提供を行っているという捉え方もできる。

なお、排出量取引制度においては、一般的に、排出枠は企業などの排出量を対象としたものであり、特定の製品・サービスの排出量をオフセットする目的で排出枠を利用することは認められていない。そのため、排出量取引制度に関連する当該事業機会は、基本的には想定されない。

図5-8　オフセット製品・サービスの提供に関する事業モデル例（イメージ図）

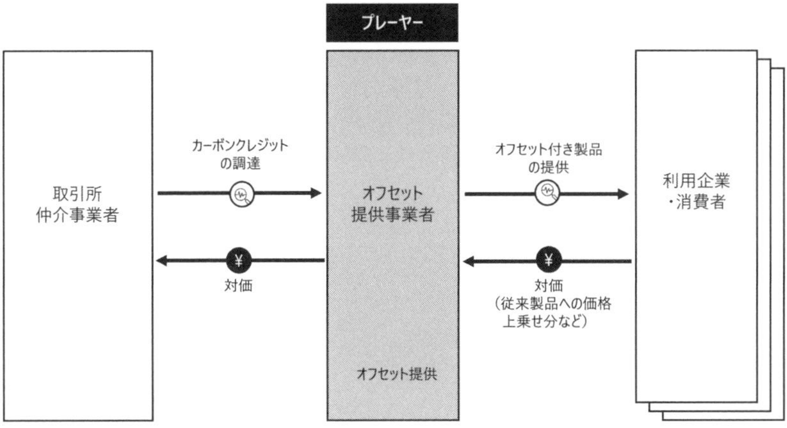

出所）野村総合研究所作成

以下では、オフセット提供について、2つの事例を紹介する。まず、トヨタユナイテッド静岡は、2022年8月、スポーツカー「スープラ」の販売時にJ-クレジットを付与して販売することを発表した。[177]走行時に多くのCO_2を出すスポーツカーにカーボンクレジットを付加することで、環境に配慮しつつ走りを楽しみたい人にアピールすることを狙いとしている。このような新車にJ-クレジットを付与して販売することは、国内自動車メーカーとしては初の取り組みである。具体的には、1年間に約1万6,000キロ走行すると想定したうえで、1台あたり9トン（約4万8,000キロ分）のカーボンクレジットを付与する。これにより、購入から初回車検までの3年間、温室効果ガス排出を実質ゼロで走行することができるとしている。

　さらに、札幌プリンスホテルは、2023年4〜12月にかけて、カーボンクレジットによる排出量オフセットを含む「カーボン・オフセットSAPPOROステイプラン」を販売することを発表した。[178]これは、ひとりが1日に排出するCO_2の量は平均5kgといわれていることから、滞在期間となる2日分のCO_2排出量10kgをオフセットするものである。

　このように、オフセット提供の事例は、燃料、車、サービス業など多岐にわたっており、既存商品に付加価値を与えて販売する手法として、今後広がっていく可能性がある。

5.1.7 利用における事業機会例

　利用とは、調達した排出枠やカーボンクレジットが持つ環境価値を、特定の目的・用途に対して自らの環境価値として主張・活用することである。この利用が広がることは、これまで述べてきた各事業機会に関する対象市場の規模が大きくなることを意味する。そこで、以下では、事業機会そのものではなく、今後の利用拡大の展望について、企業による利用と個人による利用に関して述べる。

　今後のカーボンクレジットなどの利用に関して、まず、企業による利用

拡大が想定される。既に企業による排出量取引の参加やカーボンクレジットの利用は、国内外で広がりをみせていることは前述のとおりである。今後も、より多くの企業がさまざまなステークホルダーからの脱炭素要求に答えるための一手段として排出枠やカーボンクレジットの活用を進めていくことが予想される。この動きは、義務的制度への対応と各企業の自主的な対応の双方において、活性化していくことが想定される。

　さらに今後は、個人によるカーボンクレジットの利用拡大が進む可能性も想定される。脱炭素の実現には、最終消費者による、排出量に基づいた製品・サービス選択や行動変容も重要である。消費者の動機づけや意思決定に影響を与える手段として、個人レベルの排出量売買を行う制度やサービスも登場している。前述のように、オフセット付き製品・サービスを購入することも、個人による間接的なカーボンクレジットの利用と捉えることができる。加えて、消費者が直接的にカーボンクレジットを購入・利用することを推進するような事例も出てきている。例えば、Sustineri は2023年4月、新潟県で創出されたカーボンクレジットを用いた個人向けの少額カーボン・オフセットを実現するウェブアプリ「にいがた森づくり×カーボンゼロ応援プロジェクト」をリリースした。[179] 本サービスは、森林が吸収した二酸化炭素に由来するクレジットを個人が購入・無効化することで、新潟県の森づくり・地球温暖化対策に貢献ができるよう、1トン未満の少額購入が可能となっている点が特徴である。利用者は、6つの森林吸収由来カーボンクレジットを、100円、500円、1,000円単位で購入することができる。このように、既にカーボンクレジットなどの個人利用の拡大を見据えたサービスが登場してきている。ただし、個人レベルのカーボンクレジットなどのやり取りは、当面は自主的な枠組みの範囲内で広がっていくことが考えられ、市場規模として大きくなるには一定の時間を要する可能性も想定される。

おわりに

　本書では、脱炭素・GXを進めるうえでの重要施策であるカーボンプライシングのうち、近年、大きな進展がみられ、かつ多くの企業などの経営に大きな影響を及ぼし得るものとして、排出量取引とカーボンクレジットを取り上げて、その動向を述べてきた。

　1章においては、まず、排出量取引・カーボンクレジットの導入・拡大の前提となる政策制度の動向を取り上げ、2020年10月の「2050年カーボンニュートラル宣言」以降、急速に脱炭素・GXに向けた動きが活発化してきたことを述べた。そして、排出削減に向けた経済的手法である「カーボンプライシング」に関する概要を述べ、そのなかでも、日本国内において検討が本格化している排出量取引・カーボンクレジットについて、それぞれの概要を述べた。

　次に、2章では、排出量取引を取り上げた。まず、脱炭素に向けた取り組みが世界規模で拡大してきているなかで、世界各国において排出量取引制度の導入・検討が進んできている状況を概観し、そのうちの代表事例として、EU-ETSを取り上げ、制度の変遷や特徴などを示した。そして、次に、国内における排出量取引制度に焦点を当て、その内容について述べた。GX-ETSにおける第1フェーズのルールについては、今後の国内におけるカーボンプライシングの根幹をなす仕組みの第1段階として、特に詳細な解説と考察を行った。

　3章では、カーボンクレジットを取り上げた。まず、カーボンクレジットとは、そもそもどのようなもので、どのような種類があるのかについて述べた。そして、カーボンクレジット市場の拡大をけん引するボランタリーカーボンジレットを取り上げ、その普及拡大に向けた課題と対応策に関する動向を示した。また、GX-ETSなどによって、今後、拡大が期待される日本国内におけるカーボンクレジット市場を取り上げ、その動向と見通

しを述べた。

　また、4章においては、排出量取引とカーボンクレジットの双方に共通する流通基盤として、排出量（枠）とカーボンクレジットの取引市場について整理を行った。まず初めに、取引市場を3つの類型に分類し、それぞれの特徴を述べた。そして、これらを踏まえて、海外における取引市場の先進事例を複数紹介した。さらに、ここ最近、急激に活性化してきている国内における取引市場設立に関する概況を述べたうえで、東京証券取引所によるカーボンクレジット市場の実証事業などの状況を示した。

　最後に、5章においては、排出量取引・カーボンクレジット市場の進展・拡大に応じて今後生じ得る事業機会仮説について述べた。排出量取引・カーボンクレジットに関して、プロジェクト組成からその利用に至るまでの一連の業務の流れを整理したうえで、それぞれにおいて、今後、想定される事業機会の例を述べた。各事業機会の例については、既に取り組みが開始されている先進的な事業者の事例を示した。

　本書を通じて述べてきたように、排出量取引・カーボンクレジットは、社会の脱炭素化・GXを進めるうえで、重要な政策制度である。そして、各企業にとっては、対応しなければいけない業務やコストとなり得ると同時に、これらの仕組みを活用した事業構造の転換や新たな事業立ち上げの機会ともなり得るものである。実際に、多くの企業などが排出量取引・カーボンクレジットに関する動向に着目し、関連する事業活動を開始してきている。このような状況において、本書を通じて、読者の方々が排出量取引・カーボンクレジットにかかわる政策制度や市場・プレーヤーの動向などに関する理解を深め、今後、関連事業を検討されるうえでの何らかの気づきを得ることができたのであれば幸いである。

　最後に、排出量取引・カーボンクレジットに関連する事業に取り組まれている各企業の方々、政策・制度策定に取り組む関連省庁の方々、学識有識者の方々には、この場を借りて厚く御礼申し上げたい。関係各位には、さまざまな場を通じて、最新動向の共有や指導をいただいており、各位か

らいただいた知見・気づきにより、本書を取りまとめることができた。

　また、本書を刊行するにあたっては、拙著『エネルギー業界の破壊的イノベーション』（2018年6月刊）、拙著『分散型エネルギーリソースビジネス大全』（2022年12月刊）に続きエネルギーフォーラムの山田衆三氏にご支援いただいた。改めて感謝申し上げる。

2023年9月

野村総合研究所　佐藤仁人

筆者一同

〈脚注〉

1. 経済産業省 長期地球温暖化対策プラットフォーム . 長期地球温暖化対策プラットフォーム報告書 －我が国の地球温暖化対策の進むべき方向－ . 2017.
2. 経済産業省、環境省、農林水産省 . 国内クレジット制度の概要について . 2012.
3. 環境省 . オフセット・クレジット（J-VER）制度について（詳細版）. 2012.
4. 経済産業省 温対法に基づく事業者別排出係数の算出方法等に係る検討会事務局 . Ｊ－クレジット制度について . 2014.
5. COP25 UN CLIMATE CHANGE CONFERENCE. Climate Ambition Alliance: Nations Renew their Push to Upscale Action by 2020 and Achieve Net Zero CO_2 Emissions by 2050. (オンライン) 2019 年 12 月 11 日 . (引用日 : 2023 年 5 月 21 日 .) https://cop25.mma.gob.cl/wp-content/uploads/2020/04/Alianza-11122019-INGL%C3%89S.pdf.
6. 経済産業省 . 梶山経済産業大臣の閣議後記者会見の概要 . (オンライン) 2020 年 12 月 21 日 . (引用日 : 2023 年 5 月 21 日 .) https://www.meti.go.jp/speeches/kaiken/2020/20201221001.html.
7. 環境省 . 小泉大臣記者会見録（令和 2 年 12 月 21 日（月）12:01 ～ 12:25 於：環境省第 1 会議室）. (オンライン) (引用日 : 2023 年 5 月 21 日 .) https://www.env.go.jp/annai/kaiken/r2/1221.html.
8. 経済産業省 . 2050 年カーボンニュートラルに伴うグリーン成長戦略 . 2020.
9. 経済産業省 世界全体でのカーボンニュートラル実現のための経済的手法等のあり方に関する研究会 . 世界全体でのカーボンニュートラル実現のための経済的手法等のあり方に関する研究会 中間整理 . 2021.
10. 経済産業省 産業技術環境局 環境経済室 . GX リーグ基本構想 . 2022.
11. GX リーグ事務局 . Member. GX リーグ公式 Web サイト . (オンライン) (引用日 : 2023 年 5 月 21 日 .) https://gx-league.go.jp/member/.
12. 経済産業省 . GX 実現に向けた基本方針 ～今後 10 年を見据えたロードマップ～ . 2023.
13. 経済産業省 . GX 実現に向けた基本方針 参考資料 . 2023.
14. 経済産業省 .「脱炭素成長型経済構造移行推進戦略」が閣議決定されました . (オンライン) 2023 年 7 月 28 日 . (引用日 : 2023 年 7 月 30 日 .) https://www.meti.go.jp/press/2023/07/20230728002/20230728002.html.
15. 経済産業省 カーボンニュートラルの実現に向けたカーボン・クレジットの適切な活用のための環境整備に関する検討会 . カーボン・クレジット・レポート . 2022.
16. 経済産業省 . 第 5 回 カーボンニュートラルの実現に向けたカーボン・クレジットの適切な活用のための環境整備に関する検討会 資料 3 . 2023.
17. 環境省 . 環境基本計画 . 2018.
18. IEA. Net Zero by 2050 A Roadmap for the Global Energy Sector. 2021.
19. 環境省 .「カーボンプライシングのあり方に関する検討会」取りまとめ . 2018.
20. 経済産業省 . 第 4 回 世界全体でのカーボンニュートラル実現のための経済的手法等のあり方に関する研究会 資料 2 . 2021.
21. 環境省 . インターナルカーボンプライシング活用ガイドライン . 2020.
22. CDP. Carbon Pricing Connect. (オンライン) (引用日 : 2023 年 7 月 10 日 .) https://

www.cdp.net/en/climate/carbon-pricing/carbon-pricing-connect.

23. 環境省. 第 13 回　カーボンプライシングの活用に関する小委員会　資料２. 2021.

24. World Bank. Carbon Pricing Dashboard. (オンライン) (引用日 : 2023 年 7 月 10 日 .) https://carbonpricingdashboard.worldbank.org/.

25. 環境省. 地球温暖化対策のための税の導入. (オンライン) 2023 年 7 月 8 日. https://www.env.go.jp/policy/tax/about.html.

26. 環境省. 第 14 回　カーボンプライシングの活用に関する小委員会　資料２. 2021.

27. 環境省. 国内排出量取引制度について. 2013.

28. 環境省. 我が国におけるカーボン・オフセットのあり方について（指針）第 3 版. 2021.

29. 東京都. 環境価値とは. 東京都環境局公式 web サイト. (オンライン) (引用日 : 2018 年 2 月 9 日 .) https://www.kankyo.metro.tokyo.lg.jp/climate/renewable_energy/solar_energy/value_environmental.html.

30. 資源エネルギー庁. 非化石価値取引について－再エネ価値取引市場を中心に－. 2023.

31. 日本品質保証機構. グリーン電力証書の概要について. 2018.

32. 資源エネルギー庁、環境省. グリーンエネルギー CO2 削減相当量認証制度　ご利用ガイド. 2021.

33. J- クレジット制度事務局. J- クレジット制度について. 2023.

34. 内閣府政策統括官室（経済財政分析担当）. 世界経済の潮流 2007 年秋　－サブプライム住宅ローン問題の背景と影響 地球温暖化に取り組む各国の対応－. 2007.

35. 環境省. 第 2 回　国内制度小委員会　資料 5 - 2. 2001.

36. 環境省. 諸外国における排出量取引の実施・検討状況. 2016.

37. World Bank. State and Trends of Carbon Pricing 2023. 2023.

38. 環境省. 第 21 回　カーボンプライシングの活用に関する小委員会　参考資料４. 2022.

39. RGGI. Elements of RGGI. (オンライン) (引用日 : 2023 年 7 月 20 日 .) https://www.rggi.org/program-overview-and-design/elements.

40. 環境省. 第 12 回　カーボンプライシングの活用に関する小委員会　資料１. 2021.

41. 日本エネルギー経済研究所. 第 4 回　世界全体でのカーボンニュートラル実現のための経済的手法等のあり方に関する研究会　資料１. 2021.

42. 欧州連合. Development of EU ETS (2005-2020). (オンライン) (引用日 : 2023 年 7 月 20 日 .) https://climate.ec.europa.eu/eu-action/eu-emissions-trading-system-eu-ets_en.

43. 欧州委員会. Fit for 55. (オンライン) (引用日 : 2023 年 7 月 12 日 .) https://www.consilium.europa.eu/en/policies/green-deal/fit-for-55-the-eu-plan-for-a-green-transition/#what.

44. 環境省. 税制全体のグリーン化推進検討会　第 1 回　資料４. 2022.

45. 環境省. 環境省自主参加型国内排出量取引制度（JVETS）について. 2008.

46. 自主参加型国内排出量取引制度評価委員会. 自主参加型国内排出量取引制度（JVETS）総括報告書. 2014.

47. 環境省. 自主参加型国内排出量取引制度（JVETS）　削減対策事例集. 2009.

48. 環境省. 自主参加型国内排出量取引制度　第 5 期実施ルール（単独参加者向け）. 2009.

49. 日本取引所グループ. 北浜博士のデリバティブ教室. (オンライン) (引用日 : 2023 年 5 月 5 日 .) https://www.jpx.co.jp/learning/derivatives/school/02-01.html.

50. 環境省 . 自主参加型国内排出量取引制度（JVETS）第 7 期（2011 年度採択・2012 年度 排出削減実施）の排出削減実績と取引結果について（お知らせ）.（オンライン）2014 年 1 月 16 日 .（引用日：2023 年 7 月 3 日 .）https://www.env.go.jp/press/17616.html.

51. 石井康一郎、月川憲次 . ディーゼル車走行規制と大気汚染の改善効果について . 2004.

52. 東京都 . 2025 年 4 月から太陽光発電設置義務化に関する新たな制度が始まります . 東京 都 .（オンライン）2023 年 1 月 1 日 .（引用日：2023 年 5 月 5 日 .）https://www.koho. metro.tokyo.lg.jp/2023/01/04.html.

53. 大野輝之 . 東京都の「総量削減義務と排出量取引制度」－導入の経過、特徴、効果 . カー ボンプライシングのあり方に関する検討会 , 2017.

54. 押川恵理子 . 先行の都、活用は 15％ 「排出量取引」浸透するか　国は 26 年度に本格 導入 . 東京新聞 Web.（オンライン）2023 年 3 月 18 日 .（引用日：2023 年 5 月 5 日 .）https://www.tokyo-np.co.jp/article/238715.

55. 東京都環境局 .「総量削減義務と排出量取引制度」に関する第 4 計画期間の削減義務率 等について . 東京都環境局 .（オンライン）（引用日：2023 年 5 月 5 日 .）https://www. kankyo.metro.tokyo.lg.jp/climate/large_scale/overview/4th_overview/index.html# :~:text=%E7%8F%BE%E5%9C%A8%E3%81%BE%E3%81%A7%E3%81%AB%E3% 80%81%E6%9D%B1%E4%BA%AC%E9%83%BD,%E6%A4%9C%E8%A8%8E%E3 %82%92%E9%96%8B%E5%A7%8B%E3%81%84%E3%81%9F%E3%81%97%E3.

56. 東京都環境局 . 大規模事業所に対する「温室効果ガス排出総量削減義務と排出量取引制度」. 2019.

57. 若林雅代、木村宰 . 東京都の排出量取引制度の評価 . : 電力経済研究 , 2018.

58. 浜本光紹 . 埼玉県における排出量取引制度とその成果：第 1 削減計画期間に関する分析 . : 獨協大学環境共生研究所 , 2018.

59. 埼玉県 . 地球温暖化対策計画制度　目標設定型排出量取引制度 . 埼玉 , 2020.

60. 埼玉県 . プレスリリース「排出量取引制度で東京都と連携協定を締結しました」.（オンラ イン）平成 22 年 9 月 17 日日 .（引用日：2023 年年 7 月 2 日日 .）https://www. pref.saitama.lg.jp/documents/25697/418770.pdf.

61. 仁井慎治 . 目標達成率 99％！ 工場に二酸化炭素を排出させない埼玉県の制度設計 . EMIRA.（オンライン）2022 年 7 月 1 日 .（引用日：2023 年 6 月 1 日 .）https:// emira-t.jp/eq/20289/.

62. 埼玉県 .【第 3 削減計画期間】適用事項 .（オンライン）2021 年 12 月 9 日 .（引用日： 2023 年 6 月 11 日 .）https://www.pref.saitama.lg.jp/a0502/dai3keikaku_gaiyou. html.

63. 針谷秀夫 . 東京都排出量取引制度の成果についての分析 . 2014 年度 .

64. 東京都 . パブリックコメントでいただいた御意見と都の考え方について＜温室効果ガス排 出総量削減義務と排出量取引制度（キャップ＆トレード制度）に関する改正事項（第 3 計 画期間（2020-2024 年度）に適用する事項）＞ . 2019 年 .

65. 全国地球温暖化防止活動推進センター . 2021 年度（令和 3 年度）の温室効果ガス排出量（確 報値）が発表されました . 全国地球温暖化防止活動推進センター公式 web サイト .（オン ライン）2023 年 4 月 24 日 .（引用日：2023 年 7 月 2 日 .）https://www.jccca.org/ne ws/102659#:~:text=2021%E5%B9%B4%E5%BA%A6%E3%81%AE%E6%88%91% E3%81%8C%E5%9B%BD%E3%81%AE%E6%B8%A9%E5%AE%A4%E5%8A%B9%

E6%9E%9C%E3%82%AC%E3%82%B9%E3%81%AE%E6%8E%92%E5%87%BA,%E4%BB%A5%E4%B8%8B%E5%90%8C%E3%81%98%E3%80%82%EF%BC%89.

66.　GX リーグ事務局 . GX-ETS における第 1 フェーズのルール . GX リーグ公式 WEB サイト . (オンライン) 2023 年 2 月 . (引用日 : 2023 年 6 月 16 日 .) https://gx-league.go.jp/aboutgxleague/document/%E5%8F%82%E8%80%83%E8%B3%87%E6%96%993_GX-ETS%E3%81%AB%E3%81%8A%E3%81%91%E3%82%8B%E7%AC%AC1%E3%83%95%E3%82%A7%E3%83%BC%E3%82%BA%E3%81%AE%E3%83%AB%E3%83%BC%E3%83%AB.pdf.

67.　GX リーグ設立準備事務局 . 来年度から開始する GX リーグにおける排出量取引の考え？について③ . GX リーグ公式 WEB サイト . (オンライン) 2022 年 12 月 . (引用日 : 2023 年 6 月 16 日 .) https://gx-league.go.jp/topic/.

68.　GX リーグ事務局 . GX リーグ基準年度排出量等算定・報告ガイドライン . GX リーグ公式 WEB サイト . (オンライン) 2023 年 4 月 . (引用日 : 2023 年 6 月 18 日 .) https://gx-league.go.jp/aboutgxleague/document/GX%E3%83%AA%E3%83%BC%E3%82%B0%E5%9F%BA%E6%BA%96%E5%B9%B4%E5%BA%A6%E6%8E%92%E5%87%BA%E9%87%8F%E7%AD%89%E7%AE%97%E5%AE%9A%E3%83%BB%E5%A0%B1%E5%91%8A%E3%82%AC%E3%82%A4%E3%83%89%E3%83%A9%E3%82%A4%E3%83%B3.pdf.

69.　GX リーグ事務局 . GX リーグ算定・モニタリング・報告ガイドライン . GX リーグ公式 WEB サイト . (オンライン) 2023 年 4 月 26 日 . (引用日 : 2023 年 6 月 18 日 .) https://gx-league.go.jp/aboutgxleague/document/GX%E3%83%AA%E3%83%BC%E3%82%B0%E7%AE%97%E5%AE%9A%E3%83%BB%E3%83%A2%E3%83%8B%E3%82%BF%E3%83%AA%E3%83%B3%E3%82%B0%E3%83%BB%E5%A0%B1%E5%91%8A%E3%82%AC%E3%82%A4%E3%83%89%E3%83%A9%E3%82%A4%E3%83%B3%20.pdf.

70.　環境ビジネス . 環境用語集　GHG プロトコル . 環境ビジネス公式 web サイト . (オンライン) 2022 年 9 月 27 日 . (引用日 : 2023 年 6 月 18 日 .) https://www.kankyo-business.jp/dictionary/023081.php.

71.　GX リーグ設立準備事務局 . 来年度から本格稼働する GX リーグにおける排出量取引の考え方について . GX リーグ公式 WEB サイト . (オンライン) 2022 年 9 月 6 日 . (引用日 : 2023 年 6 月 25 日 .) https://gx-league.go.jp/topic/.

72.　経済産業省 . 脱炭素成長型経済構造への円滑な移行の推進に関する法律案【GX 推進法】の概要 . (オンライン) 2023 年 2 月 10 日 . (引用日 : 2023 年 7 月 15 日 .) https://www.env.go.jp/content/000110823.pdf.

73.　諸富徹 . 排出量取引制度におけるオークション方式の検討 . 会計検査研究 , 2010.

74.　日本エネルギー経済研究所 . 世界の主要排出量取引制度：概要と課題 . (オンライン) 2016 年年 10 月月 . (引用日 : 2023 年年 6 月月 25 日日 .) https://www.meti.go.jp/committee/kenkyukai/energy_environment/ondanka_platform/kokunaitoushi/pdf/004_02_01.pdf.

75.　GX リーグ事務局 . GX-ETS の概要 . GX リーグ公式 WEB サイト . (オンライン) 2023 年 2 月 1 日 . (引用日 : 2023 年 6 月 25 日 .) https://gx-league.go.jp/aboutgxleague/document/%E5%8F%82%E8%80%83%E8%B3%87%E6%96%992_GX-

ETS%E3%81%AE%E6%A6%82%E8%A6%81.pdf.

76. GXリーグ設立準備事務局 . GXリーグにおける排出量取引に関する学識有識者検討会 第 1 回　議事要旨 . GXリーグ公式 WEB サイト . (オンライン) 2022 年 9 月 6 日 . (引用日 : 2023 年 6 月 25 日 .) https://gx-league.go.jp/aboutgxleague/document/03_GX%E3%83%AA%E3%83%BC%E3%82%B0%E3%81%AB%E3%81%8A%E3%81%91%E3%82%8B%E6%8E%92%E5%87%BA%E9%87%8F%E5%8F%96%E5%BC%95%E3%81%AB%E9%96%A2%E3%81%99%E3%82%8B%E5%AD%A6%E8%AD%98%E6%9C%89%E8%AD%98%E8%80%85%E6%A4%9C%E8%A.

77. 磯部昌吾 . 排出権取引をビジネス化する欧州金融業界 . 2022.

78. 日本取引所グループ . カーボン・クレジット市場 . JPX　日本取引所グループ . (オンライン) (引用日 : 2023 年 6 月 18 日 .) https://www.jpx.co.jp/equities/carbon-credit/index.html.

79. GXリーグ事務局 . GXリーグ活動概要 . 2023.

80. Institute for Global Environmental　Strategies. Clean Development Mechanism (CDM) Monitoring and Issuance Database, version 8.10. 2023.

81. 三菱 UFJ モルガン・スタンレー銀行　縫部敦子 . クリーン開発メカニズムの課題と二国間クレジット制度の展望 . 月刊エネルギーフォーラム , 2011.

82. UNFCCC. Nationally Determinede contributions under the Paris agreement Revised synthesis report. 2021.

83. 外務省 . 二国間クレジット制度（JCM）. 外務省公式 web サイト . (オンライン) 2023 年 7 月 11 日 . (引用日 : 2023 年 7 月 21 日 .) https://www.mofa.go.jp/mofaj/ic/ch/page1w_000122.html.

84. MINISTRY OF TRADE AND INDUSTRY SINGAPOR. NEWSROOM. MINISTRY OF TRADE AND INDUSTRY SINGAPOR 公式 web サイト . (オンライン) https://www.mti.gov.sg/Search/Details?query=collaborate%20on%20carbon%20credits&search=7C7720A7-C51F-46C1-AC65-8F26DF578993.

85. NATIONAL CLIMATE CHANGE SECRETARIAT SINGAPORE. INTERNATIONAL COLLABORATION. NATIONAL CLIMATE CHANGE SECRETARIAT SINGAPORE 公式 web サイト . (オンライン) (引用日 : 2023 年 8 月 13 日 .) https://www.nccs.gov.sg/singapores-climate-action/mitigation-efforts/internationalcollaboration/.

86. KliK 財団 . Activities and impact. KliK 財団公式 web サイト . (オンライン) (引用日 : 2023 年 8 月 13 日 .) https://www.international.klik.ch/activities/countries.

87. ReBudinis & Luca LoSara. Unlocking the potential of direct air capture: Is scaling up through carbon markets possible?. International Energy Agency. (オンライン) 2023 年 5 月 11 日 . (引用日 :2023 年 9 月 4 日 .) https://www.iea.org/commentaries/unlocking-the-potential-of-direct-air-capture-is-scaling-up-through-carbon-markets-possible

88. International Carbon Action Partnership. Korea Emissions Trading Scheme. 2022.

89. Verra. VCS Standard v4.4. 2023.

90. Verra. Project and Credit Summary. VERRA 公式 WEB サイト . (オンライン) (引用日 : 2023 年 8 月 13 日 .) https://registry.verra.org/app/search/VCS/All%20Projects.

91. 環境省 . カーボン・オフセットのあり方に関する検討会（第 3 回）　資料 2 . 2007.

92. Gold Standard. Methodology for biomass fermentation with carbon capture and geologic storage. Gold Standard 公式 WEB サイト . (オンライン) https://www. goldstandard.org/our-work/innovations-consultations/methodology-biomass-fermentation-carbon-capture-and-geologic.

93. Gold Standard. Renewable Energy acticity requirements v1.4. 2021.

94. World Bank. State and Trends of Carbon Pricing 2022. 2022.

95. McKinsey Sustainability. A blueprint for scaling voluntary carbon markets to meet the climate challges. (オンライン) 2021 年 1 月 29 日 . (引用日 : 2023 年 7 月 10 日 .) https://www.mckinsey.com/capabilities/sustainability/our-insights/ a-blueprint-for-scaling-voluntary-carbon-markets-to-meet-the-climate-challenge.

96. CARBON MARKET WATCH. corporate Climate Responsibility Monitor 2023. 2023.

97. Apple Inc. Envoronmental Progress Report. 2023.

98. シェル・イースタン・トレーディング . 東京ガス及び GS エナジーに対する世界初のカーボンニュートラル LNG の供給について . (オンライン) 2019 年 6 月 18 日 . (引用日 : 2023 年 7 月 11 日 .) https://www.shell.co.jp/ja_jp/media-centre/2019/tokyo-gas-and-gs-energy-to-receive-worlds-first-carbon-neutral-lng-cargoes-from-shell.html.

99. シェル ルブリカンツ ジャパン . カーボンニュートラルルブリカンツの販売開始 . (オンライン) 2022 年 5 月 1 日 . (引用日 : 2023 年 7 月 11 日 .) https://shell-lubes.co.jp/ news/97/.

100. 出光興産 . 当社グループ初のカーボンニュートラル海上輸送を実施 カーボンクレジットを活用し、日本〜中東往復の航海で発生する CO_2 約 1 万トンをオフセット . (オンライン) 2021 年 11 月 12 日 . (引用日 : 2023 年 7 月 11 日 .) https://www.idemitsu.com/jp/ news/2021/211112_1.html.

101. 出光興産 . 本邦初、INPEX と出光興産がサプライチェーン上でカーボンニュートラル化されたジェット燃料を ANA へ提供 〜 G7 広島サミットに際して CO_2 排出量実質ゼロのフライトを実施〜 . (オンライン) 2023 年 5 月 1 日 . (引用日 : 2023 年 7 月 11 日 .) https://www.idemitsu.com/jp/news/2023/230501.html.

102. Bloomberg. Junk Carbon Offsets Are What Make These Big Companies 'Carbon Neutral'. (オンライン) 2022 年 11 月 21 日 . (引用日 : 2023 年 7 月 11 日 .) https:// www.bloomberg.com/graphics/2022-carbon-offsets-renewable-energy/.

103. (Carbon)plan. Systematic over-crediting of forest offsets. (オンライン) 2021 年 4 月 29 日 . (引用日 : 2023 年 7 月 11 日 .) https://carbonplan.org/research/forest-offsets-explainer.

104. GreenfieldPatrick. Revealedl: more than 90% of rainforest carbon offsets by biggest certifier are worthless, analysis shows. The Guardian. 2023 年 1 月 18 日 .

105. GREENPEACE. The Biggest problem with carbon offsetting is that it doesn't really work. (オンライン) 2020 年 5 月 26 日 . (引用日 : 2023 年 7 月 11 日 .) https:// www.greenpeace.org.uk/news/the-biggest-problem-with-carbon-offsetting-is-that-it-doesnt-really-work/.

106. Kaminskilsabella. Dubious carbon offsetting claims 'ripe' for legal action. The Wave. (オンライン) 2023 年 3 月 1 日 . (引用日 : 2023 年 7 月 11 日 .) https://www.

the-wave.net/carbon-offsetting-claims/.

107. The Guardian. Delta Air Lines faces lawsuit over $1bn carbon neutrality claim. (オンライン) 2023 年 5 月 30 日 . (引用日 : 2023 年 7 月 11 日 .) https://www. theguardian.com/environment/2023/may/30/delta-air-lines-lawsuit-carbon-neutrality-aoe.

108. The Integrity Council for Voluntary Carbon Market. Core Carbon Principles, Assessment Framework and Assessment Procedure. 2023.

109. ISO. Net Zero Guidelines. 2023.

110. J- クレジット制度運営委員会 . 第 30 回 J- クレジット制度運営委員会資料 . 2023 年 .

111. Science Based Target Initiative. SBTi Corporate Net-zeo　Standard Crateria Version1. 2021.

112. Voluntary Carbn Marktets Intergrity Initiative. Provisional Claims Code of Practices. 2022.

113. IFRS Foundation. IFRS S2 Climate-related Disclousres. 2023.

114. JCM.Issuance of credits. JCM 公式 web サイト . (オンライン) (引用日 : 2023 年 9 月 5 日 .)https://www.jcm.go.jp/projects/issues

115. ローソン . Japanese Ministry of the Environment's　Joint Crediting Mechanism(JCM) Project Funding Program. 2017.

116. 日本政府 . 二国間クレジットの最新動向 . 2023.

117. 閣議決定 . 地球温暖化対策計画 . (オンライン) (引用日 : 2023 年 8 月 20 日 .) https://www.env.go.jp/earth/ondanka/keikaku/211022.html.

118. 内閣官房 . 新しい資本主義のグランドデザイン及び実行計画・フォローアップ . (オンライン) 2022 年 6 月 7 日 . (引用日 : 2023 年 8 月 20 日 .) https://www.cas.go.jp/jp/seisaku/atarashii_sihonsyugi/index.html.

119. JCM. Registerd project. JCM 公式 web サイト . (オンライン) (引用日 : 2023 年 9 月 5 日 .) https://www.jcm.go.jp/projects/registers.

120. 環境省、経済産業省、外務省 . 民間資金を中心とする JCM プロジェクトの組成ガイダンス . 2023.

121. J- クレジット制度事務局（みずほリサーチ＆テクノロジーズ サステナビリティコンサルティング第 1 部）. J- クレジット制度について（データ集）. (オンライン) 2023 年 4 月 . (引用日 : 2023 年 6 月 24 日 .) https://japancredit.go.jp/data/pdf/credit_002.pdf.

122. J- クレジット制度事務局 . 方法論 EN-S-043 (ver.1.0) 非再生可能エネルギー由来水素・アンモニア燃料による化石燃料又は系統電力の代替 . J- クレジット制度公式 web サイト . (オンライン) (引用日 : 2023 年 8 月 13 日 .) https://japancredit.go.jp/pdf/methodology/EN-S-043_v1.0.pdf.

123. コニカミノルタジャパン . AccurioPress におけるカーボン・オフセットサービスの提供開始 . コニカミノルタジャパン公式 web サイト . (オンライン) 2022 年 11 月 24 日 . (引用日 : 2023 年 7 月 29 日 .) https://www.konicaminolta.jp/business/information/release/221124.html.

124. J- クレジット制度事務局 . J- クレジット制度について―プログラム型プロジェクト運用手引― . 2022.

125. J- クレジット制度運営委員会 . 第 28 回 J- クレジット制度運営委員会資料 . 2022.

126. 経済産業省 . J- クレジット制度の概要と最新動向 . 2022.
127. 内閣官房、経済産業省、内閣府、金融庁、総務省、外務省、文部科学省、農林水産省、国
土交通省、環境省 . 2050 年カーボンニュートラルに伴うグリーン成長戦略 . 2021.
128. 国土交通省 . 令和 4 年度 第 1 回 地球温暖化防止に貢献するブルーカーボンの役割に関す
る検討会 資料 1 . 2023.
129. 経済産業省 . クレジットの現状について . 2022.
130. 国土交通省 . カーボンニュートラルポート（CNP）の形成に向けた施策の方向性 . 2021.
131. 環境省 . 令和 4 年度における検討方針・課題 . 2021.
132. LJennifer. Xpansiv's Key Carbon Market Achievements for 1st Qtr of 2023.
CarbonCredits.Com. (オンライン) 2023 年 6 月 6 日 . (引用日 : 2023 年 6 月 23 日 .)
https://carboncredits.com/xpansivs-key-carbon-market-achievements-for-1st-
qtr-of-2023/.
133. Xpansiv. XPANSIV CARBON MARKET REVIEW: Trading Insights from 2022. (オ
ンライン) 2023 年 3 月 1 日 . (引用日 : 2023 年 6 月 23 日 .) https://xpansiv.com/
trading-insights-from-2022/.
134. Xpansiv. CBL Launches Global Emissions Offset, a Tradeable Product and
Carbon Benchmark. (オンライン) 2020 年 8 月 27 日 . (引用日 : 2023 年 6 月 23 日 .)
https://xpansiv.com/cbl-markets-launches-global-emissions-offset/.
135. Xpansiv. CBL Announces First Trades of the Global Emissions Offset™ Contract.
(オンライン) 2020 年 10 月 5 日 . (引用日 : 2023 年 6 月 23 日 .) https://xpansiv.
com/cbl-markets-announces-first-trades-of-the-global-emissions-offset-
contract/.
136. Xpansiv. CBL Launches Nature-Based Global Emissions Offset™. (オンライ
ン) 2022 年 3 月 11 日 . (引用日 : 2023 年 6 月 23 日 .) https://xpansiv.com/cbl-
launches-nature-based-global-emissions-offset/.
137. CME Group Inc. CME Group to Launch a Global Emissions Offset (GEO) Futures
Contract on March 1. (オンライン) 2021 年 1 月 25 日 . (引用日 : 2023 年 6 月 23
日 .) https://www.cmegroup.com/media-room/press-releases/2021/1/26/cme_
group_to_launchaglobalemissionsoffsetgeofuturescontractonmar.html.
138. BUSINESS WIRE. Xpansiv Launches CBL Auctions to Provide a Transparent,
Efficient, Fair Platform for Scaling Carbon Credit Transactions. (オンライン)
2022 年 3 月 29 日 . (引用日 : 2023 年 6 月 23 日 .) https://www.businesswire.com/
news/home/20221129005297/en/Xpansiv-Launches-CBL-Auctions-to-Provide-a-
Transparent-Efficient-Fair-Platform-for-Scaling-Carbon-Credit-Transactions.
139. Climate Impact X. CIX Marketplace. (オンライン) (引用日 : 2023 年 6 月 23 日 .)
https://climateimpactx.com/marketplace.
140. Climate Impact X. CIX Auctions. (オンライン) (引用日 : 2023 年 6 月 23 日 .)
https://www.climateimpactx.com/auctions.
141. Climate Impact X. Climate Impact X and Respira's landmark auction for blue
carbon. (オンライン) 2022 年 11 月 4 日 . (引用日 : 2023 年 6 月 23 日 .) https://
uploads-ssl.webflow.com/641b1194b8c5208184a7126e/641b1194b8c520df2
fa7153e_Media%20release%20-%20CIX%20and%20Respira%E2%80%99s%20

landmark%20auction%20for%20blue%20carbon%20credits.pdf.

142. BUSINESS WIRE. Climate Impact X、炭素市場の透明性、確実性、流動性を高める CIX Exchange を開設 . (オンライン) 2023 年 6 月 8 日 . (引用日 : 2023 年 6 月 23 日 .) https://www.businesswire.com/news/home/20230607005403/ja/.

143. Climate Impact X. Nature X Nature-Based Benchmark Contract . (オンライン) 2023 年 3 月 23 日 . (引用日 : 2023 年 6 月 23 日 .) https://uploads-ssl.webflow.co m/641b1194b8c5208184a7126e/6475f8e1d1a3d475adc06dd1_Nature%20 X%20Spot%20Contract%20Instrument%20Overview.pdf.

144. Climate Impact X. CIX Exchange single project ticker. (オンライン) 2023 年 6 月 5 日. (引用日 : 2023 年 6 月 23 日 .) https://uploads-ssl.webflow.com/641b1194b8c52 08184a7126e/6480478e26b50c077811dba6_CIX%20Exchange%20Single%20 Project%20Ticker.pdf.

145. Climate Impact X. Climate Impact X announces new carbon market price assessments. (オンライン) 2023 年 5 月 11 日 . (引用日 : 2023 年 6 月 23 日 .) https://uploads-ssl.webflow.com/641b1194b8c5208184a7126e/645da39129 fe25aa9486a3b8_Media%20release%20-%20CIX%20announces%20new%20 carbon%20market%20price%20assessments.pdf.

146. European Securities and Markets Authority. Final Report　Emission allowances and associated derivatives. (オンライン) 2022 年 3 月 28 日 . (引用日 : 2023 年 6 月 24 日 .) https://www.esma.europa.eu/sites/default/files/library/esma70-445-38_ final_report_on_emission_allowances_and_associated_derivatives.pdf.

147. FOCUS TAIWAN. Carbon exchange to help Taiwan achieve 2050 net-zero goal: NDC. (オンライン) 2023 年 4 月 22 日 . (引用日 : 2023 年 6 月 24 日 .) https:// focustaiwan.tw/society/202304220008.

148. The Business Times. Indonesia to launch carbon exchange in September. (オンライン) 2023 年 6 月 16 日 . (引用日 : 2023 年 6 月 24 日 .) https://www. businesstimes.com.sg/international/asean/indonesia-launch-carbon-exchange- september.

149. e-dash. 国内初の新サービス、国際認証カーボンクレジットをオンラインで購入可能。ア メリカの気候テック企業 Patch と日本企業として初の提携により実現 . PR TIMES. (オン ライン) 2022 年 7 月 13 日 . (引用日 : 2023 年 6 月 25 日 .) https://prtimes.jp/main/ html/rd/p/000000017.000095916.html.

150. e-dash. 民間主導で日本初となる J- クレジットのマーケットプレイスが公開！ PR TIMES. (オンライン) 2023 年 6 月 12 日 . (引用日 : 2023 年 6 月 25 日 .) https:// prtimes.jp/main/html/rd/p/000000116.000095916.html.

151. 渋谷ブレンドグリーンエナジー . 日本カーボンクレジット取引所（JCX）の事前登 録受付を 2023 年 6 月 12 日（月）より開始！ PR TIMES. (オンライン) 2023 年 6 月 12 日 . (引用日 : 2023 年 6 月 26 日 .) https://prtimes.jp/main/html/rd/ p/000000001.000121500.html.

152. アスエネ . アスエネと SBI ホールディングスが新会社「Carbon EX」を共同設立 . PR TIMES. (オンライン) 2023 年 6 月 8 日 . (引用日 : 2023 年 6 月 26 日 .) https:// prtimes.jp/main/html/rd/p/000000220.000058538.html.

153. enechain. enechain のエネルギー取引所、環境価値の取り扱いを開始 . enechain 公式 web サイト . (オンライン) 2023 年 7 月 5 日 . (引用日 : 2023 年 7 月 23 日 .) https://enechain.co.jp/news/enechains-platform-to-start-handling-environmental-commodities.

154. Sustech. Sustech がカーボンクレジット取引所開発並びに、東南アジア・南米でのカーボンクレジット創出・流通事業へ着手 . (オンライン) 2023 年 7 月 26 日 . (引用日 : 2023 年 7 月 30 日 .) https://sustech-inc.co.jp/press-release/sustech%e3%81%8c%e3%82%ab%e3%83%bc%e3%83%9c%e3%83%b3%e3%82%af%e3%83%ac%e3%82%b8%e3%83%83%e3%83%88%e5%8f%96%e5%bc%95%e6%89%80%e9%96%8b%e7%99%ba%e4%b8%a6%e3%81%b3%e3%81%ab%e3%80%81%e6%9d%b1%e5%8d%97/.

155. NTT コミュニケーションズ、住友林業 . 住友林業と NTT Com 森林価値創造プラットフォームのサービス提供に向け協業開始 . (オンライン) 2023 年 3 月 16 日 . (引用日 : 2023 年 6 月 25 日 .) https://www.ntt.com/about-us/press-releases/news/article/2023/0316_2.html.

156. Ginco. Ginco、SOMPO Light Vortex とのカーボンクレジット実証実験を開始 . PR TIMES. (オンライン) 2023 年 6 月 15 日 . (引用日 : 2023 年 6 月 25 日 .)

157. 経済産業省 カーボンニュートラルの実現に向けたカーボン・クレジットの適切な活用のための環境整備に関する検討会事務局 . カーボンクレジット・レポートを踏まえた政策動向 . 第 5 回 カーボンニュートラルの実現に向けたカーボン・クレジットの適切な活用のための環境整備に関する検討会 . (オンライン) 2023 年 3 月 22 日 . (引用日 : 2023 年 6 月 24 日 .)

158. 日本取引所グループ・東京証券取引所 .「カーボン・クレジット市場」の実証結果について . (オンライン) 2023 年 3 月 22 日 . (引用日 : 2023 年 6 月 24 日 .)

159. 東京証券取引所 . カーボン・クレジット市場の概要 . (オンライン) 2023 年 6 月 . (引用日 : 2023 年 6 月 25 日 .) https://www.jpx.co.jp/equities/carbon-credit/market-system/nlsgeu000006f14i-att/cg27su0000008krx.pdf.

160. ENEOS. 航空レーザー計測を活用した森林由来 J- クレジット創出事業における連携について . (オンライン) 2023 年 5 月 11 日 . (引用日 : 2023 年 7 月 9 日 .) https://www.eneos.co.jp/newsrelease/upload_pdf/20230511_01_01_1040009.pdf.

161. ENEOS.「森林を活用した脱炭素社会の実現」に向けた連携協定の締結について 〜森林由来の J −クレジットの創出を加速します〜 . (オンライン) 2022 年 11 月 25 日 . (引用日 : 2023 年 9 月 3 日 .) https://www.eneos.co.jp/newsrelease/upload_pdf/20221125_01_01_2008355.pdf

162. 電源開発 . 豪州でカーボンニュートラルに向けた社会実装の共同検討を開始します . (オンライン) 2023 年 2 月 27 日 . (引用日 : 2023 年 7 月 9 日 .) https://www.jpower.co.jp/news_release/2023/02/news230227.html.

163. ジャパンブルーエコノミー技術研究組合 . 令和 3 年度（2021 年度） J ブルークレジット認証・発行について . 公式 web サイト . (オンライン) . (引用日 : 2023 年 9 月 3 日 .) https://www.blueeconomy.jp/archives/2021-jbc-register/

164. 三菱商事 . CCUS 等由来のカーボンクレジット開発・販売事業に係る South Pole 社との協業について . (オンライン) 2021 年 5 月 12 日 . (引用日 : 2023 年 7 月 9 日 .)

https://www.mitsubishicorp.com/jp/ja/pr/archive/2021/html/0000047085.html.
165. 商船三井 . 革新的な炭素除去技術の普及・促進を目的とした NextGen CDR Facility が技術系 CDR クレジットの長期購入契約を締結 . 商船三井公式 web サイト . (オンライン) 2023 年 4 月 26 日 . (引用日 : 2023 年 9 月 3 日 .) https://www.mol.co.jp/pr/2023/23057.html
166. 経済産業省 . GX 実現に向けた今後の取組 . (オンライン) 2023 年 3 月 . (引用日 : 2023 年 9 月 3 日 .) https://www.meti.go.jp/shingikai/sankoshin/shin_kijiku/pdf/012_03_00.pdf
167. 日本政策投資銀行 . TIR Europe Sustainable Forestry and Natural Capital Fund SCSp SICAV-RAIF への出資決定について . 日本政策投資銀行 web サイト . (オンライン) 2023 年 6 月 29 日 . (引用日 : 2023 年 9 月 3 日 .) https://www.dbj.jp/topics/dbj_news/2023/html/20230629_204336.html
168. 三菱 UFJ 銀行 . 森林ファンド投資に向けた取り組みについて . 三菱 UFJ 銀行 web サイト . (オンライン) 2023 年 6 月 30 日 . (引用日 : 2023 年 9 月 3 日 .) https://www.bk.mufg.jp/news/news2023/pdf/news0630_1.pdf
169. 三井住友銀行 . 森林ファンド投資に向けた取り組みについて . 三井住友銀行 web サイト . (オンライン) 2022 年 12 月 22 日 . (引用日 : 2023 年 9 月 3 日 .) https://www.smbc.co.jp/news/pdf/j20221222_01.pdf
170. DNV. DNV launches real-time emissions data verification solution for trusted collaboration across maritime value chain. DNV 公式 web サイト . (オンライン) 2023 年 4 月 7 日 . (引用日 : 2023 年 4 月 9 日 .) https://www.dnv.com/news/dnv-launches-real-time-emissions-data-verification-solution-for-trusted-collaboration-across-maritime-value-chain-242396.
171. EY Japan. 新たな EU 炭素国境調整メカニズム（CBAM）と EU 排出量取引制度改正に関する最終規則が公布される：CBAM の移行期間は 2023 年 10 月 1 日から開始 . EY Japan 公式 web サイト . (オンライン) 2023 年 6 月 2 日 . (引用日 : 2023 年 7 月 9 日 .) https://www.ey.com/ja_jp/ey-japan-tax-library/tax-alerts/2023/tax-alerts-06-02.
172. ジャパンブルーエコノミー技術研究組合 . ジャパンブルーエコノミー技術研究組合 . ジャパンブルーエコノミー技術研究組合公式 web サイト . (オンライン) (引用日 : 2023 年 7 月 15 日 .) https://www.blueeconomy.jp/.
173. 環境金融研究機構 . 伊藤忠商事。EU が 2026 年から導入する炭素国境調整メカニズム（CBAM）に対応する日本企業向けに、EU の排出権（EUA）を仲介販売ビジネスへ。英企業と連携(RIEF) . 環境金融研究機構公式 web サイト . (オンライン) 2023 年 6 月 9 日 . (引用日 : 2023 年 7 月 9 日 .) https://rief-jp.org/ct4/136272.
174. 三井住友銀行 . カーボンクレジット取引プラットフォーム Carbonplace への参画について (1/2). 三井住友銀行公式 web ページ . (オンライン) 2022 年 5 月 12 日 . (引用日 : 2023 年 7 月 29 日 .) https://www.smbc.co.jp/news/j602613_01.html.
175. 大嶋秀雄 . クリーンなカーボン・クレジット市場をいかにつくるか . 新潮社 Foresight. (オンライン) 2022 年 12 月 7 日 . (引用日 : 2023 年 7 月 30 日 .) https://www.fsight.jp/articles/-/49366.
176. Carbonplace. Carbonplace and Climate Impact X collaborate to revolutionize carbon credit trading (March 2022). Carbonplace web サイト . (オンライン)

2022 年 3 月 25 日. (引用日 : 2023 年 9 月 3 日 .) https://carbonplace.com/press/carbonplace-and-climate-impact-x-collaborate-to-revolutionize-carbon-credit-trading-march-2022/

177. トヨタユナイテッド静岡. カーボンクレジットを付与した車両販売開始！〜走行中に排出される CO_2 を実質的にゼロにするクルマ〜. トヨタユナイテッド静岡 web サイト. (オンライン) 2022 年 7 月 20 日. (引用日 : 2023 年 9 月 3 日 .) https://toyota-unitedshizuoka.co.jp/wp/wp-content/uploads/2022/07/torikumi.pdf

178. 西武・プリンスホテルズワールドワイド.【札幌プリンスホテル】ホテルステイで気軽にできる CO_2 排出削減するプログラムカーボン・オフセットクレジット付きプランで地球環境に貢献. PR TIMES. (オンライン) 2023 年 3 月 22 日. (引用日 : 2023 年 7 月 16 日 .) https://prtimes.jp/main/html/rd/p/000001707.000024668.html.

179. Sustineri. 個人が少額のカーボン・オフセットを実施できる Web アプリを新潟県へ提供開始. PR TIMES. (オンライン) 2023 年 4 月 10 日. (引用日 : 2023 年 7 月 8 日 .) https://prtimes.jp/main/html/rd/p/000000008.000086010.html.

〈著者紹介〉

佐藤 仁人　さとう・よしひと
野村総合研究所
サステナビリティ事業コンサルティング部　グループマネージャー
早稲田大学創造理工学研究科経営システム工学専攻修了後、野村総合研究所入社。英国ケンブリッジ大学経営学修士修了。主に脱炭素・エネルギー分野における政策制度立案、事業戦略策定、新規事業開発にかかわるコンサルティング・実行支援に従事。近年は、グリーントランスフォーメーショングループのマネージャーとして、社会経済のグリーントランスフォーメーション実現にかかわるプロジェクトを多く手がけている。

田島和輝　たじま・かづき
野村総合研究所
サステナビリティ事業コンサルティング部　シニアコンサルタント
早稲田大学国際教養学部国際教養学科卒業後、自動車部品メーカーを経て、野村総合研究所入社。製造業のグローバル経営管理手法に知見を有し、脱炭素分野では公官庁案件を中心に政策制度立案・実行支援に加えて民間企業の事業戦略策定にも従事。近年は、特に、排出量取引制度や第三者検証に関連する業務を手がけている。

沼田悠佑　ぬまた・ゆうすけ
野村総合研究所
サステナビリティ事業コンサルティング部　シニアコンサルタント
京都大学文学部卒業後、野村総合研究所入社。Nomura Research Institute Singapore Pte. Ltd.出向を経て、現職。電力・エネルギー分野を中心に脱炭素に関連する政策制度立案・評価、事業戦略策定、新規事業開発に関するコンサルティング・実行支援業務に従事。近年は、アジアにおける脱炭素ビジネスやスマートシティ・電気自動車（EV）などの業際領域、循環経済の実現と脱炭素化の促進などの幅広い業務を手がけている。

小林朋樹 こばやし・ともき
野村総合研究所
サステナビリティ事業コンサルティング部　シニアコンサルタント
筑波大学生命環境学群卒業後、民間気象会社を経て、野村総合
研究所入社。環境や気候・気象関連の専門的知見を有し、サス
テナビリティ関連の業務に従事。近年は、排出量取引や電力・
再生可能エネルギー関連のプロジェクトを手がけている。

宮崎優也 みやざき・ゆうや
野村総合研究所
サステナビリティ事業コンサルティング部　シニアコンサルタント
京都大学農学研究科生物資源経済学専攻修了後、金融機関系シ
ンクタンクを経て、野村総合研究所入社。地方自治体などにお
ける地域振興政策や環境政策制度立案、環境ビジネス促進にか
かわるコンサルティング・実行支援に従事。近年は、排出量取
引制度をはじめとする脱炭素領域や、民間企業における事業開
発関連のプロジェクトを手がけている。

排出量取引とカーボンクレジットのすべて

2023 年 10 月 17 日　第一刷発行
2023 年 10 月 31 日　第二刷発行

著　者　　株式会社野村総合研究所
発行者　　志賀正利
発行所　　株式会社エネルギーフォーラム
　　　　　〒 104-0061 東京都中央区銀座 5-13-3　電話 03-5565-3500
印刷・製本所　中央精版印刷株式会社
ブックデザイン　エネルギーフォーラム デザイン室